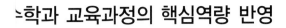
...학과 교육과정의 핵심역량 반영

KB102777

완전타파 과정 중심
서술형 문제

김진호 · 김민정 · 이혜영 지음

5학년 1학기

교육과학사

이 책에 대하여

서술형 문제! 왜 필요한가?

과거에는 수학에서도 계산 방법을 외워 숫자를 계산 방법에 대입하여 답을 구하는 지식 암기 위주의 학습이 많았습니다. 그러나 국제 학업 성취도 평가인 PISA와 TIMSS의 평가 경향이 바뀌고 싱가폴을 비롯한 선진국의 교과교육과정과 우리나라 학교 교육과정이 개정되며 암기 위주에서 벗어나 창의성을 강조하는 방향으로 변경되고 있습니다. 평가 방법에서는 기존의 선다형 문제, 주관식 문제에서 벗어나 서술형 문제가 도입되었으며 갈수록 그 비중이 커지는 추세입니다. 자신이 단순히 알고 있는 것을 확인하는 것에서 벗어나 아는 것을 논리적으로 정리하고 표현하는 과정과 의사소통능력을 중요시하게 되었습니다. 즉, 앞으로는 중요한 창의적 문제 해결 능력과 개념을 논리적으로 설명하는 능력을 길러주기 위한 학습과 그에 대한 평가가 필요합니다.

이 책의 특징은 다음과 같습니다.

계산을 아무리 잘하고 정답을 잘 찾아내더라도 서술형 평가에서 요구하는 풀이과정과 수학적 논리성을 갖춘 문장구성능력이 미비할 경우에는 높은 점수를 기대하기 어렵습니다. 또한 문항을 우연히 맞추거나 개념이 정립되지 않고 애매하게 알고 있는 상태에서 운 좋게 맞추는 경우, 같은 내용이 다른 유형으로 출제되거나 서술형으로 출제되면 틀릴 가능성이 더 높습니다. 이것은 수학적 원리를 이해하지 못한 채 문제 풀이 방법만 외웠기 때문입니다. 이 책은 단지 문장을 서술하는 방법과 내용을 외우는 것이 아니라 문제를 해결하는 과정을 읽고 쓰며 논리적인 사고력을 기르도록 합니다. 즉, 이 책은 수학적 문제 해결 과정을 중심으로 서술형 문제를 연습하며 기본적인 수학적 개념을 바탕으로 사고력을 길러주기 위하여 만들게 되었습니다.

이 책의 구성은 이렇습니다.

이 책은 각 단원별로 중요한 개념을 바탕으로 크게 '기본 개념', '오류 유형', '연결성' 영역으로 구성되어 있으며 필요에 따라 각 영역이 가감되어 있고 마지막으로 '창의성' 영역이 포함되어 있습니다. 각각의 영역은 '개념쏙쏙', '첫걸음 가볍게!', '한 걸음 두 걸음!', '도전! 서술형!', '실전! 서술형!'의 다섯 부분으로 구성되어 있습니다. '개념쏙쏙'에서는 중요한 수학 개념 중에서 음영으로 된 부분을 따라 쓰며 중요한 것을 익히거나 빈칸으로 되어 있는 부분을 채워가며 개념을 익힐 수 있습니다. '첫걸음 가볍게!'에서는 앞에서 익힌 것을 빈칸으로 두어 학생 스스로 개념을 써보는 연습을 하고, 뒷부분으로 갈수록 빈칸이 많아져 문제를 해결하는 과정을 전체적으로 서술해보도록 합니다. '창의성' 영역은 단원에서 익힌 개념을 확장해보며 심화적 사고를 유도합니다. '나의 실력은' 영역은 단원 평가로 각 단원에서 학습한 개념을 서술형 문제로 해결해보도록 합니다.

이 책의 활용 방법은 다음과 같습니다.

이 책에 제시된 서술형 문제를 '개념쏙쏙', '첫걸음 가볍게!', '한 걸음 두 걸음!', '도전! 서술형!', '실전! 서술형!'의 단계별로 차근차근 따라가다 보면 각 단원에서 중요하게 여기는 개념을 중심으로 문제를 해결할 수 있습니다. 이 때 문제에서 중요한 해결 과정을 서술하는 방법을 익히도록 합니다. 각 단계별로 진행하며 앞에서 학습한 내용을 스스로 서술해보는 연습을 통해 문제 해결 과정을 익힙니다. 마지막으로 '나의 실력은' 영역을 해결해 보며 앞에서 학습한 내용을 점검해 보도록 합니다.

또다른 방법은 '나의 실력은' 영역을 먼저 해결해 보며 학생 자신이 서술할 수 있는 내용과 서술이 부족한 부분을 확인합니다. 그 다음에 자신이 부족한 부분을 위주로 공부를 시작하며 문제를 해결하기 위한 서술을 연습해보도록 합니다. 그리고 남은 부분을 해결하며 단원 전체를 학습하고 다시 한 번 '나의 실력은' 영역을 해결해 봅니다.

문제에 대한 채점은 이렇게 합니다.

서술형 문제를 해결한 뒤 채점할 때에는 채점 기준과 부분별 배점이 중요합니다. 문제 해결 과정을 바라보는 관점에 따라 문제의 채점 기준은 약간의 차이가 있을 수 있고 문항별로 만점이나 부분 점수, 감점을 받을 수 있으나 이 책의 서술형 문제에서 제시하는 핵심 내용을 포함한다면 좋은 점수를 얻을 수 있을 것입니다. 이에 이 책에서는 문항별 채점 기준을 따로 제시하지 않고 핵심 내용을 중심으로 문제 해결 과정을 서술한 모범 예시 답안을 작성하여 놓았습니다. 또한 채점을 할 때에 학부모님께서는 문제의 정답에만 집착하지 마시고 학생과 함께 문제에 대한 내용을 묻고 답해보며 학생이 이해한 내용에 대해 어떤 방법으로 서술했는지를 같이 확인해 보며 부족한 부분을 보완해 나간다면 더욱 좋을 것입니다.

이 책을 해결하며 문제에 나와 있는 숫자들의 단순 계산보다는 이해를 바탕으로 문제의 해결 과정을 서술하는 의사소통 능력을 키워 일반 학교에서의 서술형 문제에 대한 자신감을 키워나갈 수 있으면 좋겠습니다.

저자 일동

차례

5-1

1. 약수와 배수

I. 약수와 배수 (기본개념1)

 개념 쏙쏙!

✏️ 다음 조건을 모두 만족하는 어떤 수를 구하고 그 과정을 설명하시오.

> [조건1] 어떤 수는 4의 배수입니다.
> [조건2] 어떤 수의 약수를 모두 더하면 15입니다.

1 [조건1]을 만족하는 수를 알아봅시다.

> 어떤 수는 4의 배수이므로 4, 8, 12, 16 …입니다.

2 4의 배수 중에서 [조건2]를 만족하는 수를 알아봅시다.

4의 배수의 약수들의 합을 구하면

4의 배수	약수	약수들의 합
4	1, 2, 4	$1 + 2 + 4 = 7$
8	1, 2, 4, 8	$1 + 2 + 4 + 8 = 15$
12	1, 2, 3, 4, 6, 12	$1 + 2 + 3 + 4 + 6 + 12 = 28$

4의 배수 중에서 약수의 합이 15인 수는 8이므로 어떤 수는 8입니다.

정리해 볼까요?

조건을 모두 만족하는 어떤 수를 구하는 과정

① 첫 번째 조건을 만족하는 수를 구한다.

   [조건1] 어떤 수는 4의 배수입니다. ⇒ 4, 8, 12, 16 …

② 첫 번째 조건을 만족하는 수 중에서 두 번째 조건을 만족하는 수를 찾는다.

   [조건2] 어떤 수의 약수를 모두 더하면 15입니다.

⇒
4의 배수	약수	약수들의 합
8	1, 2, 4, 8	$1 + 2 + 4 + 8 = 15$

4의 배수 중에서 약수의 합이 15인 수는 8이므로 어떤 수는 8입니다.

첫걸음 가볍게!

✏️ 다음 조건을 모두 만족하는 어떤 수를 구하고 그 과정을 설명하시오.

> [조건1] 어떤 수는 48의 약수입니다.
>
> [조건2] 어떤 수의 약수를 모두 더하면 31입니다.

1 [조건1]을 만족하는 수를 알아봅시다.

어떤 수는 48의 약수이므로 48의 약수는

☐ ☐ ☐ ☐ ☐ ☐ ☐ ☐ ☐ ☐ 입니다.

2 48의 약수 중에서 [조건2]를 만족하는 수를 알아봅시다.

48의 약수 중 큰 수부터 약수들의 합을 구하면 아래와 같습니다.

48의 약수	약수	약수들의 합
24	1, 2, 3, 4, 6, 8, 12, 24	$1 + 2 + 3 + 4 + 6 + 8 + 12 + 24 = 60$
16	1, 2, 4, 8, 16	
12	1, 2, 3, 4, 6, 12	

48의 약수 중에서 약수의 합이 31인 수는 ☐ 이므로 어떤 수는 ☐ 입니다.

한 걸음 두 걸음!

✏️ 다음 조건을 모두 만족하는 어떤 수를 구하고 그 과정을 설명하시오.

> [조건1] 어떤 수는 3의 배수입니다.
> [조건2] 어떤 수의 약수를 모두 더하면 24입니다.

1 [조건1]을 만족하는 수를 알아봅시다.

어떤 수는 ＿＿＿＿＿＿＿＿이므로 ＿＿＿＿＿＿＿＿는

＿＿＿＿＿＿＿＿＿＿＿＿＿＿＿＿＿＿＿＿＿＿＿＿＿＿＿＿＿＿＿……입니다.

2 3의 배수 중에서 [조건2]를 만족하는 수를 알아봅시다.

3의 배수 중 12부터 약수들의 합을 구하면 아래와 같습니다.

3의 배수	약수	약수들의 합
12		

3의 배수 중에서 ＿＿＿＿＿＿＿＿＿＿＿＿＿이므로 어떤 수는 [　] 입니다.

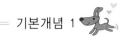

도전! 서술형!

✏️ 다음 조건을 모두 만족하는 어떤 수를 구하고 그 과정을 설명하시오.

[조건1] 어떤 수는 56의 약수입니다.

[조건2] 어떤 수의 약수를 모두 더하면 24입니다.

1 [조건1]을 만족하는 수를 알아봅시다.

2 56의 약수 중에서 [조건2]를 만족하는 수를 알아봅시다.

_____ 약수들의 합을 구하면 아래와 같습니다.

56의 약수	약수	약수들의 합

56의 약수 중에서 _____ 이므로 어떤 수는 [   ]입니다.

실전! 서술형!

다음 조건을 모두 만족하는 어떤 수를 구하고 그 과정을 설명하시오.

[조건1] 어떤 수는 5의 배수입니다.

[조건2] 어떤 수의 약수를 모두 더하면 48입니다.

개념 쏙쏙!

✏️ 6을 가장 작은 수들의 곱으로 나타내고, 약수와 배수의 관계를 설명하시오.

1 6을 가장 작은 수들의 곱으로 나타내어 봅시다.

$$6 = 1 \times \boxed{6}$$
$$= 1 \times \boxed{2} \times \boxed{3}$$

2 곱셈식을 이용하여 약수와 배수를 알아봅시다.

$6 = \underline{1} \times 2 \times 3$

1은 6의 약수입니다.　　　6은 1의 배수입니다.

$6 = 1 \times \underline{2} \times 3$

2는 6의 약수입니다.　　　6은 2의 배수입니다.

$6 = 1 \times 2 \times \underline{3}$

3은 6의 약수입니다.　　　6은 3의 배수입니다.

$6 = 1 \times \underline{2 \times 3}$

6은 6의 약수입니다.　　　6은 6의 배수입니다.

3 6의 약수와 배수의 관계를 설명해 봅시다.

6을 가장 작은 수들의 곱으로 나타내면

6 = 1×2×3 이므로 6의 약수는 1, 2, 3, 6 이고 6은 1, 2, 3, 6의 배수입니다.

정리해 볼까요?

6을 가장 작은 수들의 곱으로 나타내고 약수와 배수와의 관계 설명하기

6을 가장 작은 수들의 곱으로 나타내면 6 = 1×2×3 이므로 6의 약수는 1, 2, 3, 6이고 6은 1, 2, 3, 6의 배수입니다.

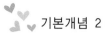

첫걸음 가볍게!

✏️ 8을 가장 작은 수들의 곱으로 나타내고, 약수와 배수의 관계를 설명하시오.

1 8을 가장 작은 수들의 곱으로 나타내어 봅시다.

$8 = 1 \times \boxed{}$

$= 1 \times 2 \times \boxed{}$

$= 1 \times 2 \times \boxed{} \times \boxed{}$

2 곱셈식을 이용하여 약수와 배수를 알아봅시다.

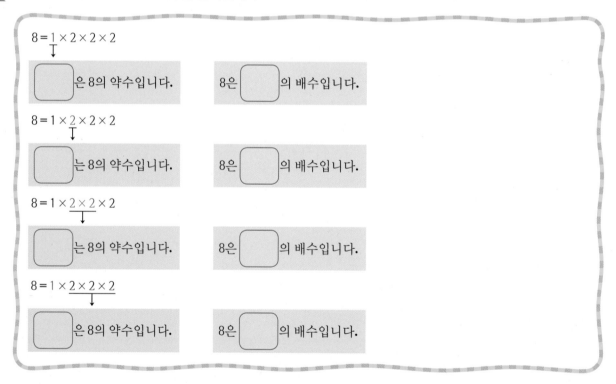

$8 = \underset{\downarrow}{1} \times 2 \times 2 \times 2$

$\boxed{}$ 은 8의 약수입니다.   8은 $\boxed{}$ 의 배수입니다.

$8 = 1 \times \underset{\downarrow}{2} \times 2 \times 2$

$\boxed{}$ 는 8의 약수입니다.   8은 $\boxed{}$ 의 배수입니다.

$8 = 1 \times \underset{\downarrow}{2 \times 2} \times 2$

$\boxed{}$ 는 8의 약수입니다.   8은 $\boxed{}$ 의 배수입니다.

$8 = 1 \times \underset{\downarrow}{2 \times 2 \times 2}$

$\boxed{}$ 은 8의 약수입니다.   8은 $\boxed{}$ 의 배수입니다.

3 8의 약수와 배수의 관계를 설명해 봅시다.

8을 가장 작은 수들의 곱으로 나타내면 1×2×2×2 이므로

8의 약수는 $\boxed{}$, $\boxed{}$, $\boxed{}$, $\boxed{}$ 이고 8은 $\boxed{}$, $\boxed{}$, $\boxed{}$, $\boxed{}$ 의 배수입니다.

한 걸음 두 걸음!

✏️ 24를 가장 작은 수들의 곱으로 나타내고, 약수와 배수의 관계를 설명하시오.

1 24를 가장 작은 수들의 곱으로 나타내어 봅시다.

2 곱셈식을 이용하여 약수와 배수를 알아봅시다.

24 = 1 × 2 × 2 × 2 × 3
↓

1은 24의 약수입니다. ⬚는 1의 배수입니다.

24 = 1 × 2 × 2 × 2 × 3
↓

⬚는 _____입니다. ⬚는 _____입니다.

24 = 1 × 2 × 2 × 2 × 3
↓

⬚은 _____입니다. ⬚는 _____입니다.

24 = 1 × 2 × 2 × 2 × 3
↓

⬚는 _____입니다. ⬚는 _____입니다.

24 = 1 × 2 × 2 × 2 × 3
↓

⬚은 _____입니다. ⬚는 _____입니다.

24 = 1 × 2 × 2 × 2 × 3
↓

⬚은 _____입니다. ⬚는 _____입니다.

24 = 1 × 2 × 2 × 2 × 3
↓

⬚는 _____입니다. ⬚는 _____입니다.

24 = 1 × 2 × 2 × 2 × 3
↓

⬚는 _____입니다. ⬚는 _____입니다.

3 24의 약수와 배수의 관계를 설명해 봅시다.

24를 가장 작은 수들의 곱으로 나타내면 _____이므로

24의 _____이고 24는 _____입니다.

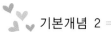

도전! 서술형!

15를 가장 작은 수들의 곱으로 나타내고, 약수와 배수의 관계를 설명하시오.

1 15를 가장 작은 수들의 곱으로 나타내어 봅시다.

2 곱셈식을 이용하여 약수와 배수를 알아봅시다.

15 =

_____   _____

15 =

_____   _____

15 =

_____   _____

15 =

_____   _____

3 15의 약수와 배수의 관계를 설명해 봅시다.

실전! 서술형!

28을 가장 작은 수들의 곱으로 나타내고, 약수와 배수의 관계를 설명하시오.

개념 쏙쏙!

📝 12와 18의 최대공약수를 여러 가지 방법으로 구하고, 해결과정을 설명하시오.

1 약수를 구하여 알아봅시다.

> 12의 약수는 1, 2, 3, 4, 6, 12이고 18의 약수는 1, 2, 3, 6, 9, 18입니다.
>
> 12와 18의 공약수는 1, 2, 3, 6입니다.
>
> 12와 18의 공약수 중 가장 큰 수는 6이므로 6은 12와 18의 최대공약수입니다.

2 가장 작은 수들의 곱으로 알아봅시다.

> $12 = 1 \times 12$ $\qquad\qquad$ $18 = 1 \times 18$
> $\quad = 1 \times 2 \times 6$ $\qquad\qquad$ $\quad = 1 \times 2 \times 9$
> $\quad = 1 \times 2 \times \boxed{2 \times 3}$ $\qquad\quad$ $\quad = 1 \times \boxed{2 \times 3} \times 3$
> $\qquad\qquad\qquad 2 \times 3 = 6$
>
> 12와 18을 가장 작은 수들의 곱으로 나타내면, 공통된 약수는 2×3으로 공약수 중 가장 큰 수이므로 최대공약수는 2×3=6입니다.

3 12과 18의 공약수로 나누어 최대공약수를 구해봅시다.

> 12와 18의 공약수 ← $\begin{array}{r|ll} 2 & 12 & 18 \\ 3 & 6 & 9 \\ \hline & 2 & 3 \end{array}$
>
> 12와 18은 2와 3으로 나누어떨어지므로 2와 3은 12와 18의 공약수이고 2×3=6은 12와 18의 공약수 중 가장 큰 수이므로 최대공약수입니다.

정리해 볼까요?

12와 18의 최대공약수 여러 가지 방법으로 구하기

1. 두 수의 약수를 모두 구하여 최대공약수 찾기

12의 약수는 1, 2, 3, 4, 6, 12이고, 18의 약수는 1, 2, 3, 6, 9, 18입니다. 따라서 12와 18의 최대공약수는 6입니다.

2. 두 수를 가장 작은 수들의 곱으로 나타내어 최대공약수 구하기

$$12 = 1 \times 2 \times 2 \times 3 \qquad\qquad 18 = 1 \times 2 \times 3 \times 3$$

공통된 약수는 2×3으로 공약수 중 가장 큰 수이므로 최대공약수는 2×3=6입니다.

3. 두 수를 공약수로 나누어 최대공약수 구하기

$$
\begin{array}{r|cc}
2 & 12 & 18 \\
3 & 6 & 9 \\
\hline
 & 2 & 3
\end{array}
$$

12와 18의 공약수

12와 18은 2와 3으로 나누어떨어지므로 2와 3은 12와 18의 공약수이고, 2×3=6은 12와 18의 공약수 중 가장 큰 수이므로 최대공약수입니다.

친구와 놀아요

친구와 함께 약수 게임하기

① 지난 달력을 준비합니다.

② 가위, 바위, 보를 하여 이긴 사람부터 숫자 하나를 정하고 그 숫자의 약수에 모두 ○ 표시합니다.

③ 이번에는 진 사람이 숫자 하나를 정하고 그 숫자의 약수에 모두 △ 표시합니다. (단, 먼저 표시된 숫자에는 표시할 수 없습니다.)

④ 번갈아가며 숫자를 정하고 그 숫자의 약수에 표시합니다. 더 이상 표시할 숫자가 없으면 게임이 끝납니다.

⑤ 누가 더 많이 표시했는지 확인해 봅니다.

☆ 어떻게 하면 더 많은 숫자에 표시할 수 있을까요?

첫걸음 가볍게!

✏️ 15와 18의 최대공약수를 여러 가지 방법으로 구하고, 해결과정을 설명하시오.

1 약수를 구하여 알아봅시다.

15의 약수는 1, ☐ , ☐ , 15입니다.

18의 약수는 1, ☐ , ☐ , ☐ , 18입니다.

15와 18의 공약수는 1, ☐ 입니다.

15와 18의 공약수 중 가장 큰 수는 ☐ 이므로 ☐ 은 15와 18의 ☐ 입니다.

2 가장 작은 수들의 곱으로 알아봅시다.

$15 = 1 \times$ ☐

$\quad = 1 \times$ ☐ $\times$ ☐

$18 = 1 \times$ ☐

$\quad = 1 \times$ ☐ $\times$ ☐

$\quad = 1 \times$ ☐ $\times$ ☐ $\times$ ☐

15와 18을 가장 작은 수들의 곱으로 나타내면, 공통된 부분은 ☐ 으로 공약수 중 가장 큰 수 이므로

☐ 는 ☐ 입니다.

3 15와 18의 공약수로 나누어 최대공약수를 구해봅시다.

```
☐ ) 15   18
      5    6
```

15와 18은 ☐ 으로 나누어떨어지고 ☐ 은 _____ 중 _____ 이므로

_____ 입니다.

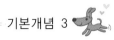

한 걸음 두 걸음!

✏️ 18과 36의 최대공약수를 여러 가지 방법으로 구하고, 해결과정을 설명하시오.

1 약수를 구하여 알아봅시다.

18의 약수는 _____ 입니다.

36의 약수는 _____ 입니다.

18과 36의 공약수는 _____ 입니다.

18과 36의 공약수 중 가장 큰 수는 ☐ 이므로 ☐ 은 18과 36의 [_____] 입니다.

2 가장 작은 수들의 곱으로 알아봅시다.

$18 = 1 \times$ ☐

$= 1 \times$ ☐ $\times$ ☐

$= 1 \times$ ☐ $\times$ ☐ $\times$ ☐

$36 = 1 \times$ ☐

$= 1 \times$ ☐ $\times$ ☐

$= 1 \times$ ☐ $\times$ ☐ $\times$ ☐

$= 1 \times$ ☐ $\times$ ☐ $\times$ ☐ $\times$ ☐

18과 36을 가장 작은 수들의 곱으로 나타내면, 공통된 부분은 ☐ $\times$ ☐ $\times$ ☐ $=$ ☐ 으로

공약수 중 가장 큰 수이므로 [_____] 는 ☐ 입니다.

3 18과 36의 공약수로 나누어 최대공약수를 구해봅시다.

☐) 18 36
☐) ☐ ☐
☐) ☐ ☐
     ☐ ☐

18과 36은 _____

_____ 은 18와 36의 _____ 이므로

_____ 입니다.

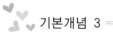

도전! 서술형!

✏️ 28과 42의 최대공약수를 여러 가지 방법으로 구하고, 해결과정을 설명하시오.

1 약수를 구하여 알아봅시다.

28의 약수는 _____ 입니다.

42의 약수는 _____ 입니다.

28과 42의 _____ 입니다.

28과 42의 _____

_____ 입니다.

2 가장 작은 수들의 곱으로 알아봅시다.

28 =   42 =

28과 42를 가장 작은 수들의 곱으로 나타내면, 공통된 부분은 _____ 로 _____ 이므로

_____ 입니다.

3 28과 42의 공약수로 나누어 최대공약수를 구해봅시다.

) 28   42

_____

_____

실전! 서술형!

✏️ 30과 45의 최대공약수를 여러 가지 방법으로 구하고, 해결과정을 설명하시오.

1. 약수와 배수 (기본개념4)

개념 쏙쏙!

✐ 버스정류장에 급행1번 버스는 14분 간격, 305번 버스는 8분 간격으로 다닙니다. 8시에 두 버스가 동시에 정류장에 도착했다면 다음에 두 버스가 동시에 정류장에 도착하는 시각은 언제인지 구하고, 해결과정을 설명하시오.

1 급행1번 버스와 305번 버스가 정류장에 도착하는 시각을 알아봅시다.

급행1번 버스는 14분 간격으로 오므로 8시, 8시 14분, 8시 28분, 8시 42분, 8시 56분 … 에 도착합니다.

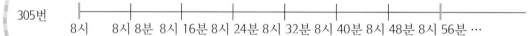

305번 버스는 8분 간격으로 오므로 8시, 8시 8분, 8시 16분, 8시 24분, 8시 32분, 8시 40분, 8시 48분, 8시 56분에 도착합니다. 급행1번 버스는 14분 간격으로 오고 305번 버스는 8분 간격으로 오므로 두 버스가 동시에 정류장에 도착하는 시각은 14와 8의 공배수만큼 지난 시각입니다.

2 8시 이후 두 버스가 동시에 버스정류장에 도착하는 시각을 최소공배수를 이용하여 알아봅시다.

급행1번 버스는 14분 간격, 305번 버스는 8분 간격으로 다닙니다.

두 버스가 동시에 정류장에 도착하는 시각은 14와 8의 공배수만큼 지난 시각입니다. 다음으로 동시에 도착하는 시각은 14와 8의 최소공배수만큼 지난 시각입니다.

$$2\,)\,\underline{14\quad 8}$$
$$7\quad 4$$

14와 8의 최소공배수는 $2\times7\times4=56$이고, 다음에 두 버스가 동시에 도착하는 시각은 8시 56분입니다.

정리해 볼까요?

두 버스가 동시에 정류장에 도착하는 시각 구하기

두 버스가 동시에 정류장에 도착하는 시각은 14와 8의 공배수만큼 지난 시각이고 다음으로 동시에 도착하는 시각은 14와 8의 최소공배수만큼 지난 시각입니다.

$$2\,)\,\underline{14\quad 8}$$
$$7\quad 4$$

14와 8의 최소공배수는 $2\times7\times4=56$이고 다음에 두 버스가 동시에 도착하는 시각은 8시 56분입니다.

첫걸음 가볍게!

버스정류장에 200번 버스는 15분 간격, 106번 버스는 18분 간격으로 다닙니다. 9시에 두 버스가 동시에 정류장에 도착했다면 다음에 두 버스가 동시에 정류장에 도착하는 시각은 언제인지 구하고, 해결과정을 설명하시오.

1 200번 버스가 정류장에 도착하는 시각을 알아봅시다.

☐ 분 간격으로 오므로 ☐ 의 배수만큼 지난 시각에 버스가 도착합니다.

9시, 9시 ☐ 분, 9시 ☐ 분, 9시 ☐ 분, 9시 ☐ 분(10시), 9시 ☐ 분(10시 ☐ 분),

9시 ☐ 분(10시 ☐ 분), …

2 106번 버스가 정류장에 도착하는 시각을 알아봅시다.

☐ 분 간격으로 오므로 ☐ 의 배수만큼 지난 시각에 버스정류장에 도착합니다.

9시, 9시 ☐ 분, 9시 ☐ 분, 9시 ☐ 분, 9시 ☐ 분(10시 ☐ 분), 9시 ☐ 분(10시

☐ 분), …

3 9시 이후 두 버스가 동시에 버스정류장에 도착하는 시각을 구하고, 해결과정을 설명해 봅시다.

200번 버스는 15분 간격, 106번 버스는 18분 간격으로 다닙니다.

두 버스가 동시에 정류장에 도착하는 시각은 ☐ 와 ☐ 의 _____만큼 지난 시각이고,

다음으로 동시에 도착하는 시각은 ☐ 와 ☐ 의 _____만큼 지난 시각입니다.

☐) 15　18

☐ ☐

15와 18의 최소공배수는 ☐ × ☐ × ☐ = ☐ 이고 ☐ 분은 1시간 30분이므로

다음에 두 버스가 동시에 도착하는 시각은 ☐ 시 ☐ 분입니다.

한 걸음 두 걸음!

✎ 버스정류장에 33번 버스는 16분 간격, 700번 버스는 28분 간격으로 다닙니다. 1시에 두 버스가 동시에 정류장에 도착했다면 다음에 두 버스가 동시에 정류장에 도착하는 시각은 언제인지 구하고, 해결과정을 설명하시오.

1 33번 버스가 정류장에 도착하는 시각을 알아봅시다.

_____ 오므로 _____ 만큼 지난 시각에 버스가 도착합니다.

1시, _____ …

2 700번 버스가 정류장에 도착하는 시각을 알아봅시다.

_____ 오므로 _____ 만큼 지난 시각에 버스가 도착합니다.

1시, _____ …

3 1시 이후 두 버스가 동시에 버스정류장에 도착하는 시각을 구하고, 해결과정을 설명해 봅시다.

33번 버스는 _____ 간격, 700번 버스는 _____ 간격으로 다닙니다.

두 버스가 동시에 정류장에 도착하는 시각은 ☐ 과 ☐ 의 _____ 만큼 지난 시각이고,

다음으로 동시에 도착하는 시각은 ☐ 과 ☐ 의 _____ 만큼 지난 시각입니다.

$$\overline{)16 \quad 28}$$

_____

_____

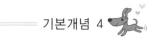

도전! 서술형!

버스정류장에 순환2번 버스는 6분 간격, 460번 버스는 9분 간격으로 다닙니다. 10시에 두 버스가 동시에 정류장에 도착했다면 다음에 두 버스가 동시에 정류장에 도착하는 시각은 언제인지 구하고, 해결과정을 설명하시오.

1 순환2번 버스가 정류장에 도착하는 시각을 알아봅시다.

2 460번 버스가 정류장에 도착하는 시각을 알아봅시다.

3 10시 이후 두 버스가 동시에 버스정류장에 도착하는 시각을 구하고, 해결과정을 설명해 봅시다.

순환2번 버스는 _____, 460번 버스는 _____ 다닙니다.

두 버스가 동시에 정류장에 도착하는 시각은 _____의 _____만큼 지난 시각이고,

다음으로 동시에 도착하는 시각은 _____입니다.

$$6 \quad 9$$

실전! 서술형!

버스정류장에 450번 버스는 18분 간격, 87번 버스는 12분 간격으로 다닙니다. 3시에 두 버스가 동시에 정류장에 도착했다면 다음에 두 버스가 동시에 정류장에 도착하는 시각은 언제인지 구하고, 해결과정을 설명하시오.

1 다음 조건을 모두 만족하는 어떤 수를 구하고 그 과정을 설명하시오.

> [조건1] 어떤 수는 18의 약수입니다.
> [조건2] 어떤 수의 약수를 모두 더하면 13입니다.

2 14를 가장 작은 수들의 곱으로 나타내고, 약수와 배수의 관계를 설명하시오.

3 36과 27의 최대공약수를 가장 작은 수들의 곱을 이용하여 구하고 설명하시오.

4 버스정류장에 100번 버스는 9분 간격, 200번 버스는 15분 간격으로 다닙니다. 5시에 두 버스가 동시에 정류장에 도착했다면 다음에 두 버스가 동시에 정류장에 도착하는 시각은 언제인지 구하고, 해결과정을 설명하시오.

2. 직육면체

5-1

개념 쏙쏙!

✏️ 직육면체 모서리의 길이는 다음과 같습니다. 모서리 길이의 합은 몇 cm인지 구하고, 풀이 과정을 설명하시오.

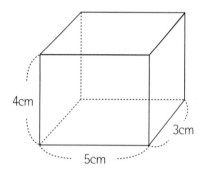

4cm

3cm

5cm

1 직육면체에서 5cm와 같은 길이의 모서리를 모두 찾아 표시하고 그 길이의 합을 구해 봅시다.

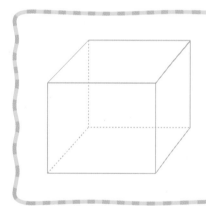

직육면체에서 길이가 5cm인 모서리는 4개 있습니다.

직육면체에서 길이가 5cm인 모서리 길이의 합은 5×4=20(cm)입니다.

2 직육면체에서 3cm와 같은 길이의 모서리를 모두 찾아 표시하고 그 길이의 합을 구해 봅시다.

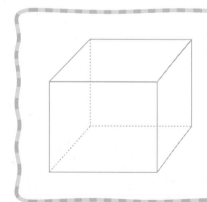

직육면체에서 길이가 3cm인 모서리는 4개 있습니다.

직육면체에서 길이가 3cm인 모서리 길이의 합은 3×4=12(cm)입니다.

3 직육면체에서 4cm와 같은 길이의 모서리를 모두 찾아 표시하고 그 길이의 합을 구해 봅시다.

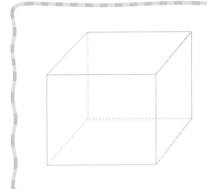

직육면체에서 길이가 4cm인 모서리는 4개 있습니다.

직육면체에서 길이가 4cm인 모서리 길이의 합은 4×4=16(cm)입니다.

4 직육면체 모서리의 합을 구해 봅시다.

직육면체에서 길이가 같은 모서리는 각각 4개씩 있으므로, (5+4+3)×4=48입니다. 따라서 모서리의 합은

48(cm)입니다.

정리해 볼까요?

직육면체의 모서리의 합 구하기

그림과 같이 직육면체에서 길이가 같은 모서리는

각각 ☐ 개씩 있습니다. 따라서 모서리의 합은

(5+4+3)×4= ☐ (cm)입니다.

첫걸음 가볍게 !

✏️ 한 모서리의 길이가 3cm인 정육면체가 있습니다. 모서리 길이의 합은 몇 cm인지 구하고, 풀이 과정을 설명하시오.

1 정육면체에서 모서리의 길이의 특징을 설명하시오.

정육면체는 [   ] 모양의 면 6개로 둘러싸인 도형입니다.

따라서 정육면체의 모든 모서리의 길이는 같습니다.

2 정육면체의 모서리 수는 모두 몇 개인가요?

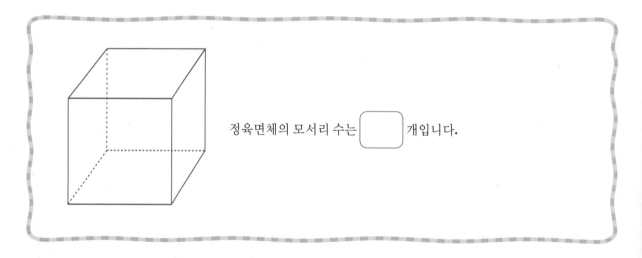

정육면체의 모서리 수는 [   ] 개입니다.

3 한 모서리의 길이가 3cm인 정육면체의 모서리 길이의 합을 구하시오.

정육면체의 모서리 수는 [   ] 개이고, 모든 모서리의 길이는 같습니다. 따라서, 정육면체 모서리

길이의 합은 [   ] = [   ] (cm)입니다.

한 걸음 두 걸음!

직육면체 모서리 길이의 합이 36cm라면 ★의 길이는 몇 cm인지 구하고, 풀이 과정을 설명하시오.

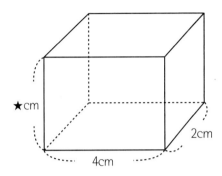

1 직육면체에서 길이가 같은 모서리를 같은 색깔로 나타내어 보고, 같은 길이의 모서리가 몇 개씩 있는지 찾아봅시다.

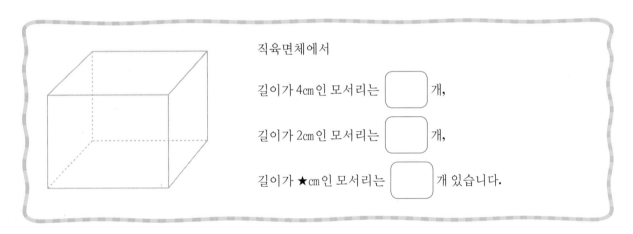

직육면체에서

길이가 4cm인 모서리는 ☐ 개,

길이가 2cm인 모서리는 ☐ 개,

길이가 ★cm인 모서리는 ☐ 개 있습니다.

2 모서리의 길이의 합이 36cm인 직육면체의 한 모서리의 길이를 구해 봅시다.

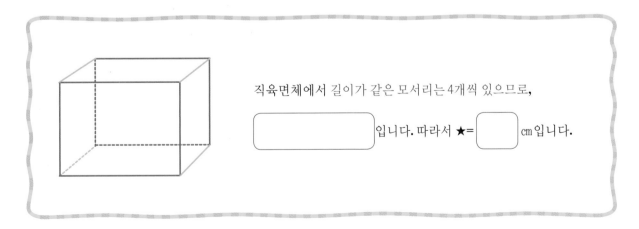

직육면체에서 길이가 같은 모서리는 4개씩 있으므로,

☐ 입니다. 따라서 ★=☐ cm입니다.

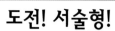
도전! 서술형!

✏️ 직육면체 모서리 길이의 합이 64cm라면 ★의 길이는 몇 cm인지 구하고, 풀이 과정을 설명하시오.

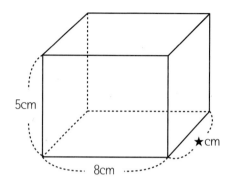

5cm

8cm

★cm

1 직육면체에서 길이가 같은 모서리가 몇 개씩 있는지 찾아봅시다.

직육면체에서

_____ 는 ⬚ 개,

_____ 는 ⬚ 개,

_____ 는 ⬚ 개 있습니다.

2 모서리의 길이의 합이 64cm인 직육면체의 한 모서리의 길이를 구해 봅시다.

실전! 서술형!

직육면체 모서리 길이의 합이 108cm라면 ★의 길이는 몇 cm인지 구하고, 풀이 과정을 설명하시오.

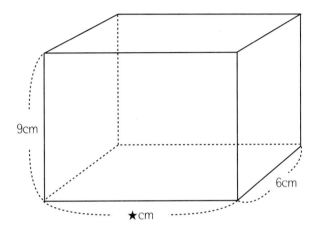

2. 직육면체 (기본개념2)

개념 쏙쏙!

✏️ 다음 그림은 정육면체의 전개도입니다. 이 전개도를 접어서 정육면체를 만들 때 면 ㉠과 평행인 면을 찾고, 평행인 면을 찾는 방법을 설명하시오.

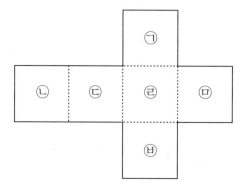

1 정육면체에서 서로 평행한 면끼리 표시해 봅시다.

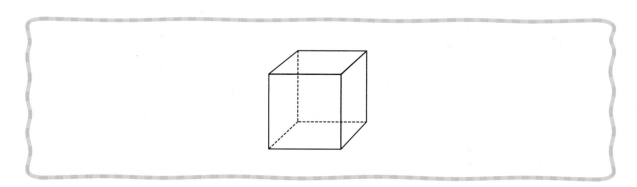

2 정육면체에서 서로 평행한 면은 어떤 특징이 있는지 찾아 봅시다.

정육면체의 서로 평행한 면은 만나지 않고 마주보고 있는 면으로 모두 ☐ 쌍입니다.

3 정육면체의 전개도를 접어 정육면체를 만들었을 때, 면 ㉠과 만나지 않고 마주보는 면을 찾아 표시해 봅시다.

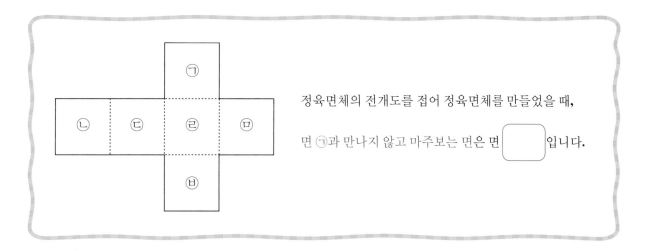

정육면체의 전개도를 접어 정육면체를 만들었을 때,

면 ㉠과 만나지 않고 마주보는 면은 면 ⬜ 입니다.

4 정육면체 전개도를 접어 정육면체를 만들었을 때, 면 ㉠과 평행한 면을 찾는 방법을 설명해 봅시다.

정육면체에서 면 ㉠과 평행한 면은 면 ㉠과 만나지 않고 마주보고 있는 면입니다. 면 ㉠과 만나지 않고

마주보고 있는 면은 ⬜ 이므로, 면 ㉠과 평행한 면은 ⬜ 입니다.

정리해 볼까요?

정육면체의 전개도에서 평행한 면 찾기

정육면체에서 면 ㉠과 평행한 면은 면 ㉠과 만나지 않고 마주보고 있는 면입니다. 정육면체의 전개도를

접어 정육면체를 만들었을 때, 면 ㉠과 만나지 않고 마주보고 있는 면은 ⬜ 이므로 면 ㉠과 평행한

면은 ⬜ 입니다.

첫걸음 가볍게!

✎ 오른쪽 그림은 직육면체의 전개도입니다. 이 전개도를 접어서
직육면체를 만들 때 면 ㉢과 평행인 면을 찾고, 평행인 면을
찾는 방법을 설명하시오.

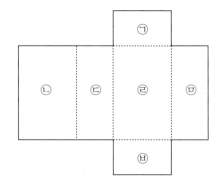

1 직육면체에서 서로 평행한 면끼리 같은 기호로 표시하고 서로 평행한 면은 어떤 특징이 있는지 찾아 봅시다.

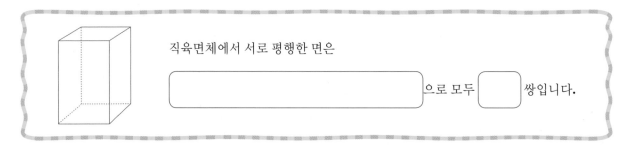

직육면체에서 서로 평행한 면은

[   ]으로 모두 [   ]쌍입니다.

2 직육면체의 전개도를 접어 직육면체를 만들었을 때, 면 ㉢과 만나지 않고 마주보는 면을 찾아 표시해 봅시다.

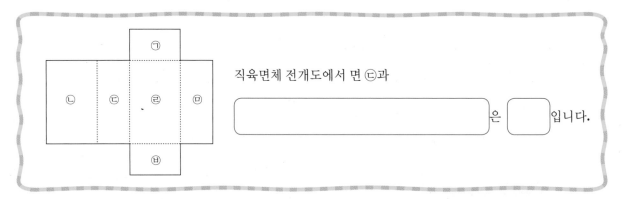

직육면체 전개도에서 면 ㉢과

[   ]은 [   ]입니다.

3 직육면체의 전개도를 접어 직육면체를 만들었을 때, 면 ㉢과 평행한 면을 찾는 방법을 설명해 봅시다.

직육면체에서 면 ㉢과 평행한 면은 면 ㉢과 [   ]. 직육면체

의 전개도를 접어 직육면체를 만들었을 때, 면 ㉢과 [   ]은

[   ]이므로, 면 ㉢과 평행한 면은 [   ]입니다.

한 걸음 두 걸음!

✏️ 다음 그림은 직육면체의 전개도입니다. 이 전개도를 접어서 직육면체를 만들 때 면 ㉢과 평행인 면을 찾고, 평행인 면을 찾는 방법을 설명하시오.

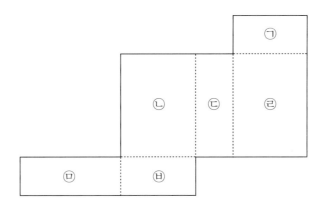

1 직육면체의 전개도를 접어 직육면체를 만들었을 때, 면 ㉢과 만나지 않고 마주보는 면을 찾아 표시해 봅시다.

직육면체 전개도에서 ＿＿＿＿＿＿＿＿＿＿＿은

[　]입니다.

2 직육면체의 전개도를 접어 직육면체를 만들었을 때, 면 ㉢과 평행한 면을 찾는 방법을 설명해 봅시다.

직육면체에서 면 ㉢과 평행한 면은 ＿＿＿＿＿＿＿＿＿＿＿＿＿＿＿＿＿＿＿＿.

전개도를 접어 직육면체를 만들었을 때, ＿＿＿＿＿＿＿＿＿＿＿＿＿＿＿＿＿＿은 [　]

이므로, 면 ㉢과 평행한 면은 [　]입니다.

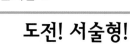

다음 그림은 정육면체의 전개도입니다. 이 전개도를 접어서 정육면체를 만들 때 면 ㉠과 평행인 면을 찾고, 평행인 면을 찾는 방법을 설명하시오.

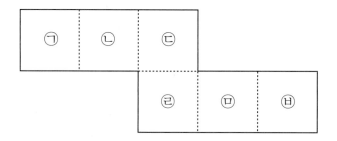

1 정육면체의 전개도를 접어 정육면체를 만들었을 때, 면 ㉠과 만나지 않고 마주보는 면을 찾아 표시해 봅시다.

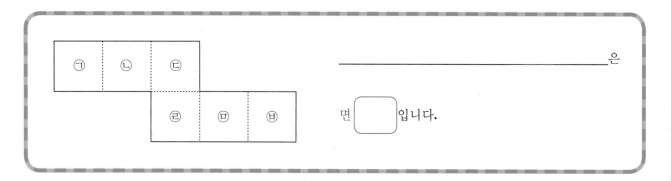

2 정육면체 전개도를 접어 정육면체를 만들었을 때, 면 ㉠과 평행한 면을 찾는 방법을 설명해 봅시다.

실전! 서술형!

✏️ 다음 그림은 정육면체의 전개도입니다. 이 전개도를 접어서 정육면체를 만들 때 면 ㉣과 평행인 면을 찾고, 평행인 면을 찾는 방법을 설명하시오.

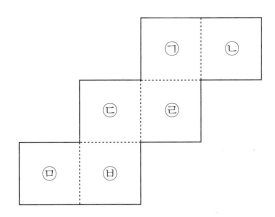

2. 직육면체 (기본개념3)

개념 쏙쏙!

📝 직육면체 전개도에서 바르지 않은 부분을 찾고,
그 이유를 설명하시오.

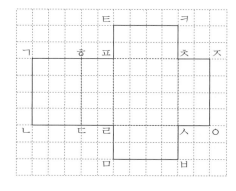

1 전개도를 접어 직육면체를 만들 때, 서로 만나는 선분을
표시해 봅시다.

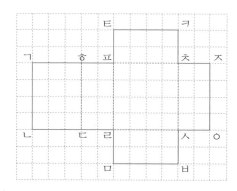

2 전개도에서 바르지 않은 부분은 어느 곳입니까?

> 선분 ㄱㅎ과 선분 ㄴㄷ의 길이(혹은 선분 ㅌㅋ과 선분 ㅁㅂ의 길이)

3 직육면체의 전개도에서 바르지 않은 부분의 이유를 설명해 봅시다.

> 전개도를 접었을 때 서로 만나는 선분 ㅌㅋ과 선분 ㄱㅎ의 길이가 같지 않아 직육면체를 만들 수 없으므로
> 선분 ㄱㅎ과 선분 ㄴㄷ의 길이(혹은 선분 ㅌㅋ과 선분 ㅁㅂ의 길이)가 바르지 않습니다.

정리해 볼까요?

직육면체의 전개도에서 바르지 않은 부분 찾기

전개도를 접어 직육면체를 만들었을 때 서로 만나는 선분은 길이가 같습니다. 하지만 전개도를 접었을 때
서로 만나는 선분 ㅌㅋ과 선분 ㄱㅎ의 길이, 선분 ㄴㄷ과 선분 ㅁㅂ의 길이가 같지 않아 직육면체를 만들 수

없으므로 [   ] 가 바르지 않습니다.

첫걸음 가볍게!

✏️ 직육면체 전개도에서 바르지 않은 부분을 찾고, 그 이유를 설명하시오.

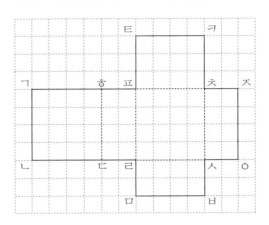

1 전개도를 접어 직육면체를 만들 때, 서로 만나는 선분을 표시해 봅시다.

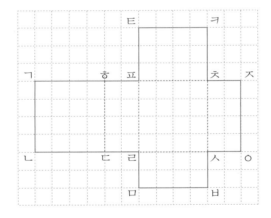

2 전개도에서 바르지 않은 부분은 어느 곳입니까?

> 선분 [ ] 과 선분 [ ] 의 길이

3 직육면체의 전개도에서 바르지 않은 부분의 이유를 설명해 봅시다.

> 전개도를 접었을 때 서로 만나는 선분 [ ] 과 선분 [ ] , 선분 [ ] 과 선분 [ ] 의 길
>
> 이가 같지 않아 직육면체를 만들 수 없으므로 선분 [ ] 과 선분 [ ] 의 길이가 바르지 않습니다.

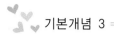

한 걸음 두 걸음!

✏️ 직육면체 전개도에서 바르지 않은 부분을 찾고, 그 이유를 설명하시오.

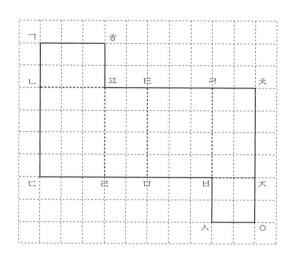

1 전개도를 접어 직육면체를 만들 때, 서로 만나는 선분을 표시해 봅시다.

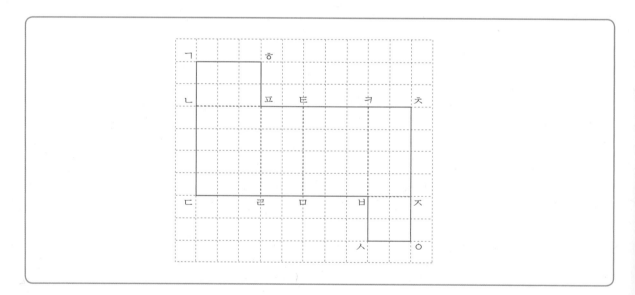

2 전개도에서 바르지 않은 부분을 찾고 그 이유를 설명해 봅시다.

전개도를 접었을 때 만나는 선분은 _____.

전개도에서 만나는 선분 중 _____, _____의 길이가 같지 않아 직육면체

를 만들 수 없으므로 _____가 바르지 않습니다.

도전! 서술형!

✏️ 직육면체 전개도에서 바르지 않은 부분을 찾아 그 이유를 설명하고, 주어진 모눈에 바르게 그리시오.

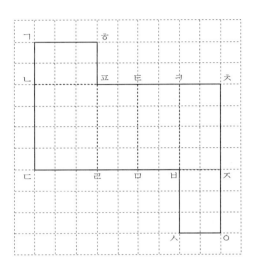

1 전개도에서 바르지 않은 부분을 찾고 그 이유를 설명해 봅시다.

전개도를 접었을 때 만나는 선분은 _____.

전개도에서 만나는 선분 중 _____, _____의 길이가 같지 않아 직육면체를

만들 수 없으므로 _____가 바르지 않습니다.

2 전개도를 바르게 그려 봅시다.

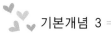

실전! 서술형!

✏️ 직육면체 전개도에서 바르지 않은 부분을 찾아 그 이유를 설명하고, 주어진 모눈에 바르게 그리시오.

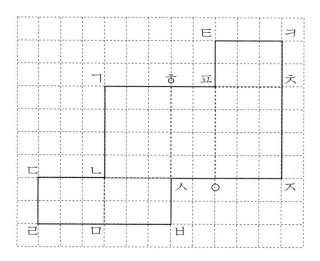

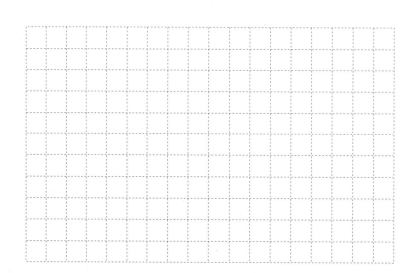

Jumping Up! 창의성!

✏️ 정육면체의 서로 다른 모양의 전개도를 찾아봅시다. 단, <보기>와 같이 뒤집거나 돌려서 모양이 같으면 1가지로 생각합니다.

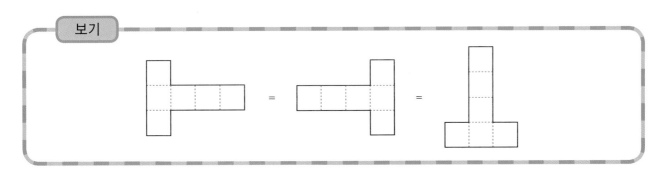

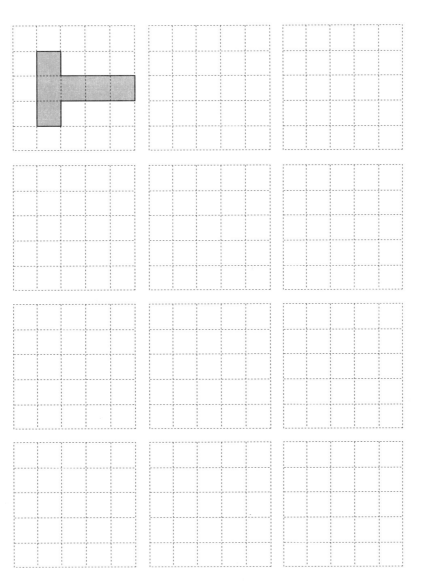

나의 실력은?

1 직육면체 모서리 길이의 합이 64cm라면 ★의 길이는 몇 cm인지 구하고, 풀이 과정을 설명하시오.

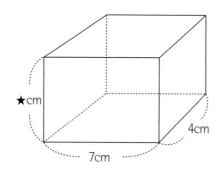

2 직육면체 전개도에서 바르지 않은 부분을 찾아 그 이유를 설명하시오.

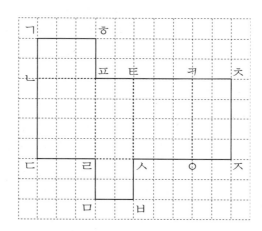

5-1

3. 약분과 통분

3. 약분과 통분 (기본개념1)

✏️ $\frac{2}{3}$ 와 크기가 같은 분수 중에서 분모가 10보다 작은 분수는 몇 개인지 찾고, 그 해결 방법을 설명하시오.

1 수직선을 이용하여 $\frac{2}{3}$ 와 크기가 같은 분수를 찾아봅시다.

> 수직선에서 $\frac{2}{3}$ 인 곳과 같은 위치에 있는 분수를 찾으면 다음과 같습니다.
>
> ```
> 0 ────────────┼────●────── 1   □
>                              □
>
> 0 ──┼────┼────┼───●───┼── 1   □
>                              □
>
> 0 ─┼──┼──┼──●──┼──┼── 1      □
>                              □
> ```

2 분모와 분자에 같은 수를 곱하여 $\frac{2}{3}$ 와 크기가 같은 분수를 찾아봅시다.

> 분모와 분자에 0이 아닌 같은 수를 곱하여도 그 크기는 같습니다.
>
> $\frac{2}{3}$ 와 크기가 같은 분수는 $\frac{2\times2}{3\times2}=\frac{4}{6}$, $\frac{2\times3}{3\times3}=\frac{6}{9}$, $\frac{2\times4}{3\times4}=\frac{8}{12}$ …입니다.

3 $\frac{2}{3}$ 와 크기가 같은 분수 중 분모가 10보다 작은 분수는 몇 개인지 찾아봅시다.

> $\frac{2}{3}$ 와 크기가 같은 분수는 $\frac{4}{6}$, $\frac{6}{9}$, $\frac{8}{12}$, $\frac{10}{15}$ …입니다. 이 중 분모가 10보다 작은 분수는 $\frac{4}{6}$ 와 $\frac{6}{9}$, 2개입니다.

정리해 볼까요?

> $\frac{2}{3}$ 와 크기가 같은 분수 중 분모가 10보다 작은 분수 찾기
>
> $\frac{2}{3}$ 에서 분모와 분자에 0이 아닌 같은 수를 곱하여도 분수의 크기는 같습니다.
>
> $\frac{2}{3}=\frac{2\times2}{3\times2}=\frac{2\times3}{3\times3}=\frac{2\times4}{3\times4}$ … 이므로 $\frac{2}{3}$ 와 크기가 같은 분수는 □, □, □, □ …입니다. 이 중
>
> 분모가 10보다 작은 분수는 □ 와 □, □ 개입니다.

첫걸음 가볍게!

$\frac{3}{4}$ 과 크기가 같은 분수 중에서 분모가 15보다 작은 분수는 몇 개인지 찾고, 그 해결 방법을 설명하시오.

1 수직선을 이용하여 $\frac{3}{4}$ 과 크기가 같은 분수를 찾아봅시다.

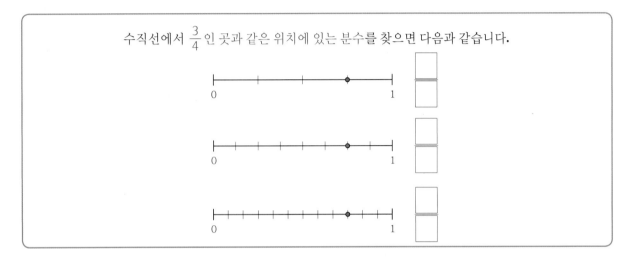

수직선에서 $\frac{3}{4}$ 인 곳과 같은 위치에 있는 분수를 찾으면 다음과 같습니다.

2 분모와 분자에 같은 수를 곱하여 $\frac{3}{4}$ 과 크기가 같은 분수를 찾아봅시다.

분모와 분자에 [   ] 그 크기는 같습니다.

$\frac{3}{4}$ 과 크기가 같은 분수는 $\dfrac{3 \times \square}{4 \times \square} = \dfrac{\square}{\square}$, $\dfrac{3 \times \square}{4 \times \square} = \dfrac{\square}{\square}$, $\dfrac{3 \times \square}{4 \times \square} = \dfrac{\square}{\square}$ …입니다.

3 $\frac{3}{4}$ 과 크기가 같은 분수 중 분모가 15보다 작은 분수는 몇 개인지 찾아봅시다.

$\frac{3}{4}$ 과 크기가 같은 분수는 [ ] , [ ] , [ ] …입니다. 이 중 분모가 15보다 작은 분수는 [ ] 과

[ ] , [ ] 개입니다.

한 걸음 두 걸음!

✏️ $\frac{3}{5}$과 크기가 같은 분수 중에서 분모가 30보다 작은 분수는 몇 개인지 찾고, 그 해결 방법을 설명하시오.

1 분모와 분자에 같은 수를 곱하여 $\frac{3}{5}$과 크기가 같은 분수를 찾아봅시다.

분모와 분자에 _____.

$\frac{3}{5}$과 크기가 같은 분수는 _____

_____ …입니다.

2 $\frac{3}{5}$과 크기가 같은 분수 중 분모가 30보다 작은 분수는 몇 개인지 찾아봅시다.

$\frac{3}{5}$과 크기가 같은 분수는 ☐ , ☐ , ☐ , ☐ , ☐ , ☐ , ☐ …입니다. 이 중 분모가

30보다 작은 분수는 ☐ 개입니다.

도전! 서술형!

$\frac{5}{8}$ 와 크기가 같은 분수 중에서 분모가 20보다 크고 50보다 작은 분수는 몇 개인지 찾고, 그 해결 방법을 설명하시오.

1 분모와 분자에 같은 수를 곱하여 $\frac{5}{8}$ 와 크기가 같은 분수를 찾아봅시다.

분모와 분자에 _____.

$\frac{5}{8}$ 와 크기가 같은 분수는 _____

_____ ...입니다.

2 $\frac{5}{8}$ 와 크기가 같은 분수 중 분모가 20보다 크고 50보다 작은 분수는 몇 개인지 찾아봅시다.

실전! 서술형!

$\frac{4}{9}$와 크기가 같은 분수 중에서 분모가 30보다 크고 100보다 작은 분수는 몇 개인지 찾고, 그 해결 방법을 설명하시오.

3. 약분과 통분 (기본개념2)

개념 쏙쏙!

$\frac{★}{4}$ 은 진분수이면서 기약분수입니다. ★에 들어갈 수 있는 수를 모두 구하고, 해결 과정을 설명하시오.

1 분모가 4인 진분수를 모두 찾아봅시다.

분모가 4인 진분수는 ▢ , ▢ , ▢ 입니다.

2 분모가 4인 진분수 중에서 기약분수를 찾아봅시다.

▢ , ▢ , ▢ 에서 ▢ 는 분모와 분자의 공약수 2로 약분할 수 있습니다. 따라서, 분모가

4인 진분수 중에서 분모와 분자의 공약수가 1뿐인 기약분수는 ▢ , ▢ 입니다.

3 ★에 들어갈 수 있는 수를 찾아봅시다.

분모가 4인 진분수 중 기약분수는 ▢ , ▢ 입니다. 따라서 ★에 들어갈 수는 ▢ , ▢ 입니다.

정리해 볼까요?

분모가 4인 진분수 중 기약분수 찾기

분모가 4인 진분수는 ▢ , ▢ , ▢ 입니다. 이 중에서 분모와 분자의 공약수가 1뿐인 기약분수는

▢ , ▢ 입니다. 따라서 ★에 들어갈 수는 ▢ , ▢ 입니다.

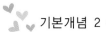

첫걸음 가볍게!

$\dfrac{★}{9}$ 은 진분수이면서 기약분수입니다. ★에 들어갈 수 있는 수를 모두 구하고, 해결 과정을 설명하시오.

1 분모가 9인 진분수를 모두 찾아봅시다.

분모가 9인 진분수는 ☐ , ☐ , ☐ , ☐ , ☐ , ☐ , ☐ , ☐ 입니다.

2 분모가 9인 진분수 중에서 기약분수를 찾아봅시다.

분모가 9인 진분수 중에서 [   ] 는 ☐ , ☐ , ☐ , ☐ ,

☐ , ☐ 입니다.

3 ★에 들어갈 수 있는 수를 찾아봅시다.

분모가 9인 진분수 중 기약분수는 ☐ , ☐ , ☐ , ☐ , ☐ 입니다. 따라서 ★에 들

어갈 수는 ☐ , ☐ , ☐ , ☐ , ☐ 입니다.

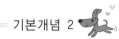

한 걸음 두 걸음!

✎ $\frac{★}{8}$은 진분수이면서 기약분수입니다. ★에 들어갈 수 있는 수의 합을 구하고, 해결 과정을 설명하시오.

1 분모가 8인 진분수를 모두 찾아봅시다.

분모가 8인 진분수는 _____입니다.

2 분모가 8인 진분수 중에서 기약분수를 찾아봅시다.

분모가 8인 진분수 중에서 _____는

_____입니다.

3 ★에 들어갈 수 있는 수의 합을 구해 봅시다.

분모가 8인 진분수 중 기약분수는 _____이므로, ★에 들어갈 수는

_____입니다. 따라서 ★에 들어갈 수의 합은 ☐ 입니다.

도전! 서술형!

$\dfrac{\bigstar}{15}$ 은 진분수이면서 기약분수입니다. ★에 들어갈 수 있는 수의 합을 구하고, 해결 과정을 설명하시오.

1 분모가 15인 진분수 중에서 기약분수를 찾아봅시다.

분모가 15인 진분수는 _____ 입니다.

이 중 기약분수는 _____ 입니다.

2 ★에 들어갈 수 있는 수의 합을 구해 봅시다.

실전! 서술형!

✏️ $\dfrac{★}{20}$ 은 진분수이면서 기약분수입니다. ★에 들어갈 수 있는 수의 합을 구하고, 해결 과정을 설명하시오.

3. 약분과 통분 (기본개념3)

개념 쏙쏙!

✏️ 진희는 $\frac{3}{4}$컵, 현수는 $\frac{7}{10}$컵의 우유를 마셨습니다. 누가 더 많은 우유를 마셨는지 알아보는 방법을 설명하시오.

1 $\frac{3}{4}$과 $\frac{7}{10}$의 크기를 그림으로 비교해 봅시다.

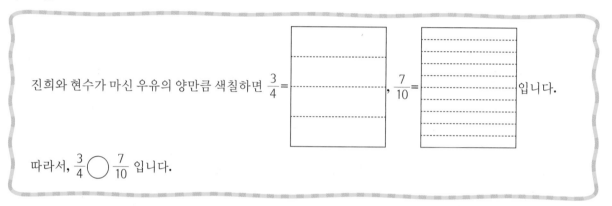

진희와 현수가 마신 우유의 양만큼 색칠하면 $\frac{3}{4}=$ ▢ , $\frac{7}{10}=$ ▢ 입니다.

따라서, $\frac{3}{4} \bigcirc \frac{7}{10}$ 입니다.

2 두 분수를 통분하여 $\frac{3}{4}$과 $\frac{7}{10}$의 크기를 비교해 봅시다.

4와 10의 최소공배수인 20으로 두 분수를 통분합니다.

$\frac{3}{4}=\frac{3\times5}{4\times5}=\frac{15}{20}$, $\frac{7}{10}=\frac{7\times2}{10\times2}=\frac{14}{20}$ 이므로 $\frac{3}{4} \bigcirc \frac{7}{10}$ 입니다.

3 누가 더 많은 우유를 마셨는지 알아봅시다.

$\frac{3}{4} \bigcirc \frac{7}{10}$ 이므로, 진희가 마신 우유의 양이 더 많습니다.

정리해 볼까요?

분모가 다른 분수의 크기를 비교하는 방법

분모가 다른 두 분수의 크기를 비교할 때에는 두 분수를 ▢ 하여 비교합니다. 4와 10의 최소공

배수인 ▢ 으로 두 분수를 통분하면 $\frac{3}{4}=\frac{3\times5}{4\times5}=\frac{15}{20}$, $\frac{7}{10}=\frac{7\times2}{10\times2}=\frac{14}{20}$ 이므로 $\frac{3}{4} \bigcirc \frac{7}{10}$ 입니다.

따라서, 진희가 마신 우유의 양이 더 많습니다.

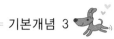

첫걸음 가볍게!

✎ 미술 시간에 서영이는 노란색 색테이프 $\frac{2}{3}$ m, 빨간색 색테이프 $\frac{4}{5}$ m를 준비하였습니다. 더 긴 색테이프를 짝에게 주려고 할 때, 무슨 색의 색테이프를 주어야 하는지 알아보는 방법을 설명하시오.

1 $\frac{2}{3}$ 와 $\frac{4}{5}$ 의 크기를 그림으로 비교해 봅시다.

서영이가 준비한 색테이프의 길이를 그림으로 나타내면 아래와 같습니다.

따라서, $\frac{2}{3}$ ◯ $\frac{4}{5}$ 입니다.

2 두 분수를 통분하여 $\frac{2}{3}$ 와 $\frac{4}{5}$ 의 크기를 비교해 봅시다.

3과 5의 최소공배수인 ⬜ 로 두 분수를 통분합니다.

$\frac{2}{3} = \frac{2\times\square}{3\times\square} = \square$, $\frac{4}{5} = \frac{4\times\square}{5\times\square} = \square$ 이므로 $\frac{2}{3}$ ◯ $\frac{4}{5}$ 입니다.

3 무슨 색의 색테이프를 짝에게 주어야 하는지 알아봅시다.

$\frac{2}{3}$ ◯ $\frac{4}{5}$ 이므로, ⬜ 색의 색테이프를 짝에게 주어야 합니다.

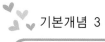

한 걸음 두 걸음!

지민이는 분수의 크기를 비교하는 놀이를 하고 있습니다. 분수 카드 중에서 세 장을 골라 큰 분수부터 차례로 놓는 놀이입니다. 지민이가 아래 세 장의 분수 카드를 골랐다면 어떤 차례로 분수 카드를 놓아야 하는지 찾고, 차례를 알아보는 방법을 설명하시오.

$$\frac{3}{4} \qquad \frac{2}{3} \qquad \frac{3}{5}$$

1 두 분수끼리 통분하여 크기를 비교해 봅시다.

두 분수끼리 통분하여 차례대로 크기를 비교합니다.

$\left(\dfrac{3}{4}, \dfrac{2}{3}\right) \Rightarrow \left(\boxed{}, \boxed{}\right) \Rightarrow \dfrac{3}{4} \bigcirc \dfrac{2}{3}$

$\left(\dfrac{2}{3}, \dfrac{3}{5}\right) \Rightarrow \left(\boxed{}, \boxed{}\right) \Rightarrow \dfrac{2}{3} \bigcirc \dfrac{3}{5}$

$\left(\dfrac{3}{4}, \dfrac{3}{5}\right) \Rightarrow \left(\boxed{}, \boxed{}\right) \Rightarrow \dfrac{3}{4} \bigcirc \dfrac{3}{5}$

분자의 크기가 같은 경우는 통분을 하지 않아도 되지 않을까?

2 어떤 카드부터 차례로 놓을지 찾고, 방법을 설명해 봅시다.

두 분수끼리 통분하여 크기를 비교하면 _____ 이므로

_____ 입니다.

따라서, 큰 분수 카드부터 차례로 놓으면 _____ 입니다.

도전! 서술형!

과학 실험을 하기 위하여 같은 크기의 비커에 용액을 넣었습니다. 비커에 담긴 용액의 양을 나타낸 표를 보고 가장 많은 양의 용액을 넣은 사람은 누구인지 찾고, 그 방법을 설명하시오.

이름	도운	소윤	현수
용액의 양(L)	$\dfrac{7}{10}$	$\dfrac{2}{3}$	$\dfrac{5}{6}$

1 두 분수끼리 통분하여 크기를 비교해 봅시다.

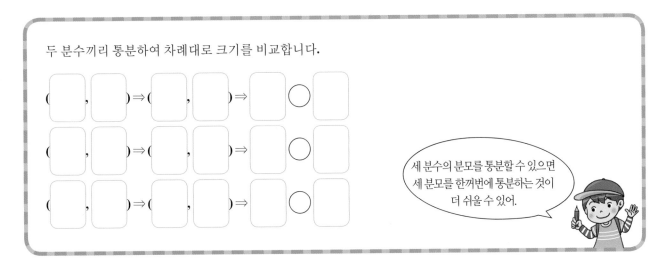

두 분수끼리 통분하여 차례대로 크기를 비교합니다.

(,) ⇒ (,) ⇒ ◯

(,) ⇒ (,) ⇒ ◯

(,) ⇒ (,) ⇒ ◯

세 분수의 분모를 통분할 수 있으면 세 분모를 한꺼번에 통분하는 것이 더 쉬울 수 있어.

2 가장 많은 양의 용액을 넣은 사람은 누구인지 찾고, 방법을 설명해 봅시다.

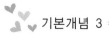 **실전! 서술형!**

✏️ 집에서 학교로 가는 길은 세 가지 방법이 있습니다. 어느 길로 가는 것이 가장 가까운지 찾고, 그 방법을 설명하시오.

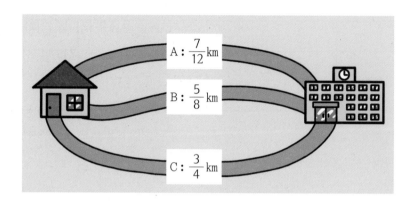

Jumping Up! 창의성!

고대 이집트에서는 <보기>와 같이 단위분수의 합을 이용하여 모든 분수를 나타내었습니다. <보기>를 보고 $\frac{5}{12}$ 를 단위분수의 합으로 나타내어 봅시다.

보기

* $\frac{3}{8}$ 을 단위분수의 합으로 나타내어 봅시다.

(1) $\frac{3}{8} = \frac{1}{8} + \frac{1}{8} + \frac{1}{8}$

(2) $\frac{3}{8} = \frac{2}{8} + \frac{1}{8} = \frac{1}{4} + \frac{1}{8}$

---

(1) $\frac{5}{12} = $ _____

(2) $\frac{5}{12} = $ _____

(3) $\frac{5}{12} = $ _____

(4) $\frac{5}{12} = $ _____

(5) $\frac{5}{12} = $ _____

(6) $\frac{5}{12} = $ _____

1 $\dfrac{7}{15}$ 과 크기가 같은 분수 중에서 분모가 100보다 작은 분수는 몇 개인지 찾고, 그 해결 방법을 설명하시오.

2 $\dfrac{★}{18}$ 은 진분수이면서 기약분수입니다. ★에 들어갈 수 있는 수의 합을 구하고, 해결 과정을 설명하시오.

3 과학 실험을 하기 위하여 같은 크기의 비커에 용액을 넣었습니다. 아래의 표를 보고 가장 적은 양의 용액이 든 비커를 찾고, 그 방법을 설명하시오.

이름	(가)	(나)	(다)
용액의 양(L)	$\dfrac{3}{4}$	$\dfrac{4}{7}$	$\dfrac{5}{8}$

4. 분수의 덧셈과 뺄셈

4. 분수의 덧셈과 뺄셈(기본개념1)

개념 쏙쏙!

✏️ 다음 계산 과정에서 $\frac{1}{2}$을 $\frac{2}{4}$로 바꾸어 계산한 이유를 그림을 그려 설명하시오.

$$\frac{1}{2} + \frac{1}{4} = \frac{2}{4} + \frac{1}{4} = \frac{3}{4}$$

1 그림으로 알아봅시다.

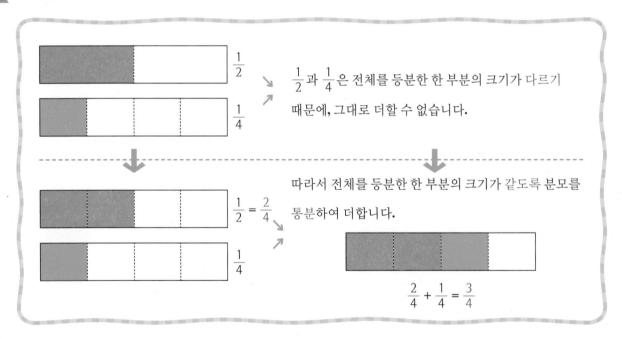

2 $\frac{1}{2}$을 $\frac{2}{4}$로 바꾸어 계산한 이유를 설명해 봅시다.

$\frac{1}{2}$과 $\frac{1}{4}$은 전체를 등분한 한 부분의 크기가 다르기 때문에, 한 부분의 크기가 같도록 두 분수의 분모를 통분하여 계산합니다.

정리해 볼까요?

$\dfrac{1}{2}$을 $\dfrac{2}{4}$로 바꾸어 계산한 이유 설명하기

$$\dfrac{1}{2} + \dfrac{1}{4} = \dfrac{2}{4} + \dfrac{1}{4} = \dfrac{3}{4}$$

$\dfrac{1}{2}$

$\dfrac{1}{4}$

$\dfrac{2}{4} + \dfrac{1}{4} = \dfrac{3}{4}$

$\dfrac{1}{2}$과 $\dfrac{1}{4}$은 전체를 등분한 한 부분의 크기가 다르기 때문에 그대로 더할 수 없습니다.

따라서, 한 부분의 크기가 같도록 두 분수의 분모를 통분하여 계산합니다.

TIP 분모의 통분 어떻게 할까요?

방법1) 두 분모의 곱으로 통분하기

$$\dfrac{1}{6} = \dfrac{1\times4}{6\times4} = \dfrac{4}{24}$$

$$\dfrac{3}{4} = \dfrac{3\times6}{4\times6} = \dfrac{18}{24}$$

방법2) 두 분모의 최소공배수로 통분하기

$$\dfrac{1}{6} = \dfrac{1\times2}{6\times2} = \dfrac{2}{12}$$

$$\dfrac{3}{4} = \dfrac{3\times3}{4\times3} = \dfrac{9}{12}$$

통분을 하는 방법은 한 가지가 아닙니다. $\dfrac{1}{6}$은 두 분모의 곱으로 통분하면 $\dfrac{4}{24}$가 되고, 최소공배수로 통분하면 $\dfrac{2}{12}$가 됩니다.

그렇지만 $\dfrac{1}{6} = \dfrac{2}{12} = \dfrac{4}{24}$로 그 크기는 모두 같습니다. 경우에 따라 더 편리한 방법을 선택해서 통분할 수 있습니다.

첫걸음 가볍게 !

✎ 다음 계산 과정에서 $\frac{2}{3}$ 를 $\frac{4}{6}$ 로 바꾸어 계산한 이유를 그림을 그려 설명하시오.

$$\frac{2}{3} + \frac{1}{6} = \frac{4}{6} + \frac{1}{6} = \frac{5}{6}$$

1 그림으로 알아봅시다.

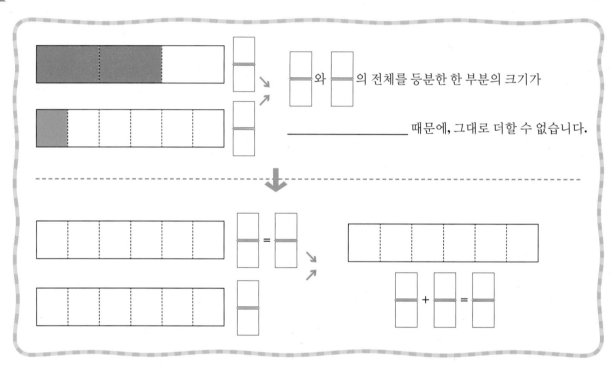

☐☐ 와 ☐☐ 의 전체를 등분한 한 부분의 크기가

_____ 때문에, 그대로 더할 수 없습니다.

2 $\frac{2}{3}$ 를 $\frac{4}{6}$ 로 바꾸어 계산한 이유를 설명해 봅시다.

☐☐ 와 ☐☐ 은 전체를 등분한 한 부분의 크기가 다르기 때문에, _____ 두 분수의

_____ 를 _____ 하여 계산합니다.

한 걸음 두 걸음!

✏️ 다음 계산 과정에서 $\frac{1}{2}$과 $\frac{1}{3}$을 $\frac{3}{6}$과 $\frac{2}{6}$로 바꾸어 계산한 이유를 그림을 그려 설명하시오.

$$\frac{1}{2} + \frac{1}{3} = \frac{3}{6} + \frac{2}{6} = \frac{5}{6}$$

1 그림으로 알아봅시다.

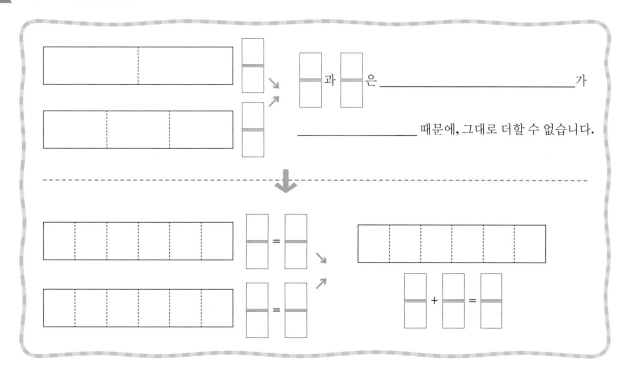

2 $\frac{1}{2}$과 $\frac{1}{3}$을 $\frac{3}{6}$과 $\frac{2}{6}$로 바꾸어 계산한 이유를 설명해 봅시다.

⬜과 ⬜은 _____ 때문에,

_____ 두 분수의 _____ 를 _____하여 계산합니다.

도전! 서술형!

✏️ 다음 계산 과정에서 $\frac{1}{2}$과 $\frac{2}{5}$를 $\frac{5}{10}$와 $\frac{4}{10}$로 바꾸어 계산한 이유를 그림을 그려 설명하시오.

$$\frac{1}{2} + \frac{2}{5} = \frac{5}{10} + \frac{4}{10} = \frac{9}{10}$$

1 그림으로 알아봅시다.

과   는 _____

_____

_____

=

=

+ =

2 $\frac{1}{2}$과 $\frac{2}{5}$를 $\frac{5}{10}$와 $\frac{4}{10}$로 바꾸어 계산한 이유를 설명해 봅시다.

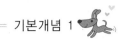

실전! 서술형!

✏️ 다음 계산 과정에서 $\frac{1}{3}$ 과 $\frac{1}{4}$ 를 $\frac{4}{12}$ 와 $\frac{3}{12}$ 으로 바꾸어 계산한 이유를 그림을 그려 설명하시오.

$$\frac{1}{3} + \frac{1}{4} = \frac{4}{12} + \frac{3}{12} = \frac{7}{12}$$

1 그림으로 알아봅시다.

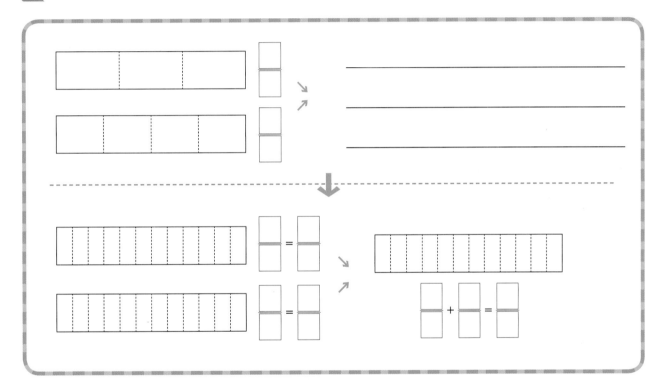

2 $\frac{1}{3}$ 과 $\frac{1}{4}$ 을 $\frac{4}{12}$ 와 $\frac{3}{12}$ 으로 바꾸어 계산한 이유를 설명해 봅시다.

4. 분수의 덧셈과 뺄셈(기본개념2)

개념 쏙쏙!

✏️ 준혁이가 엄마와 함께 팬케이크를 만들려고 합니다. 팬케이크 만드는 데 밀가루 $\frac{1}{4}$ 컵을 넣었는데 밀가루가 부족하여 $\frac{1}{6}$ 컵을 더 넣었습니다. 팬케이크를 만드는 데 사용한 밀가루의 양은 모두 몇 컵인지 두 가지 방법으로 계산하고 계산 방법을 설명하시오.

1 식으로 나타내어 봅시다.

$$\frac{1}{4} + \frac{1}{6}$$

2 두 가지 방법으로 계산하고 설명해 봅시다.

<방법1>

두 분모의 곱을 이용하여 통분한 후 계산합니다.

$$\frac{1}{4} + \frac{1}{6} = \frac{1 \times 6}{4 \times 6} + \frac{1 \times 4}{6 \times 4} = \frac{6}{24} + \frac{4}{24} = \frac{\overset{5}{\cancel{10}}}{\underset{12}{\cancel{24}}} = \frac{5}{12}$$

<방법2>

두 분모의 최소공배수를 이용하여 통분한 후 계산합니다.

$$\frac{1}{4} + \frac{1}{6} = \frac{1 \times 3}{4 \times 3} + \frac{1 \times 2}{6 \times 2} = \frac{3}{12} + \frac{2}{12} = \frac{5}{12}$$

팬케이크를 만드는 데 사용한 밀가루의 양은 모두 $\frac{5}{12}$ 컵입니다.

정리해 볼까요?

분모가 다른 분수의 덧셈을 두 가지 방법으로 계산하기

<방법1> 두 분모의 곱을 이용하여 통분한 후 계산합니다.

<방법2> 두 분모의 최소공배수를 이용하여 통분한 후 계산합니다.

첫걸음 가볍게!

혜리가 엄마와 함께 쿠키를 만들려고 합니다. 쿠키를 만들려고 설탕 $\frac{7}{10}$ 컵을 넣었는데 설탕이 부족하여 $\frac{1}{4}$ 컵을 더 넣었습니다. 쿠키를 만드는 데 사용한 설탕의 양은 모두 몇 컵인지 두 가지 방법으로 계산하고 계산 방법을 설명하시오.

1 식으로 나타내어 봅시다.

$$\frac{\square}{\square} + \frac{\square}{\square}$$

2 두 가지 방법으로 계산하고 설명해 봅시다.

<방법1>

두 분모의 _____ 한 후 계산합니다.

$$\frac{7}{10} + \frac{1}{4} = \frac{7 \times \square}{10 \times \square} + \frac{1 \times \square}{4 \times \square} = \frac{\square}{\square} + \frac{\square}{\square} = \frac{\square}{\square}$$

<방법2>

두 분모의 _____ 한 후 계산합니다.

$$\frac{7}{10} + \frac{1}{4} = \frac{7 \times \square}{10 \times \square} + \frac{1 \times \square}{4 \times \square} = \frac{\square}{\square} + \frac{\square}{\square} = \frac{\square}{\square}$$

쿠키를 만드는 데 사용한 설탕의 양은 모두 $\frac{\square}{\square}$ 컵입니다.

한 걸음 두 걸음!

✏️ 준혁이는 아침에 우유 $\frac{3}{8}$ 컵을 마시고 점심에 우유 $\frac{5}{12}$ 컵을 마셨습니다. 준혁이가 아침과 점심에 마신 우유의 양은 모두 몇 컵인지 두 가지 방법으로 계산하고 계산 방법을 설명하시오.

1 식으로 나타내어 봅시다.

$$\boxed{} + \boxed{}$$

2 두 가지 방법으로 계산하고 설명해 봅시다.

<방법1>

두 분모의 _____

$$\frac{3}{8} + \frac{5}{12} = \frac{\boxed{} \times \boxed{}}{\boxed{} \times \boxed{}} + \frac{\boxed{} \times \boxed{}}{\boxed{} \times \boxed{}} =$$

<방법2>

두 분모의 _____

$$\frac{3}{8} + \frac{5}{12} = \frac{\boxed{} \times \boxed{}}{\boxed{} \times \boxed{}} + \frac{\boxed{} \times \boxed{}}{\boxed{} \times \boxed{}} =$$

준혁이가 아침과 점심에 마신 우유의 양은 모두 $\boxed{}$ 컵입니다.

도전! 서술형!

옥수수 식빵을 만드는 데 소금 $\frac{5}{6}$ 큰 술을 넣었는데 부족하여 $\frac{3}{8}$ 큰 술을 더 넣었습니다. 옥수수 식빵을 만드는 데 사용한 소금의 양은 몇 큰 술인지 두 가지 방법으로 계산하고 계산 방법을 설명하시오.

1 식으로 나타내어 봅시다.

2 두 가지 방법으로 계산하고 설명해 봅시다.

<방법1>

$\frac{5}{6}+\frac{3}{8}=$

<방법2>

$\frac{5}{6}+\frac{3}{8}=$

실전! 서술형!

✏️ 초코케이크를 만드는 데 필요한 밀가루와 설탕의 양은 모두 몇 컵인지 두 가지 방법으로 계산하고 계산
방법을 설명하시오.

초코케이크 만드는 재료

밀가루 $\dfrac{8}{9}$ 컵, 버터 $\dfrac{1}{4}$ 컵, 설탕 $\dfrac{5}{6}$ 컵, 코코아 가루 $\dfrac{1}{8}$ 컵, 우유 $\dfrac{3}{10}$ 컵, 달걀 3개

---

4. 분수의 덧셈과 뺄셈(기본개념3)

개념 쏙쏙!

✏️ 다음 숫자 카드를 이용하여 <해결 과정>에 따라 두 분수의 차를 계산하고 그 방법을 설명하시오.

〈해결 과정〉

① 2~9 중에서 2장을 이용해 가장 큰 진분수를 만듭니다.

② 남은 숫자 중에서 2장을 이용해 가장 작은 진분수를 만듭니다.

③ 두 분수의 차를 구합니다.

(단, 만든 진분수는 기약분수가 아니어도 됩니다.)

1 가장 큰 진분수를 만들고 그 이유를 설명해 봅시다.

$\frac{8}{9}$ 왜냐하면 진분수는 분모가 클수록, 분자는 분모보다 작은 수 중에서 클수록 크기 때문입니다.

2 가장 작은 진분수를 만들고 그 이유를 설명해 봅시다.

$\frac{2}{7}$ 왜냐하면 $\frac{8}{9}$ 을 만들고 남은 숫자인 2~7중에서 분모는 클수록, 분자는 작을수록 진분수의 크기가 작아지기 때문입니다.

3 가장 큰 진분수와 가장 작은 진분수의 차를 계산해 봅시다.

$\frac{8}{9} - \frac{2}{7} = \frac{56}{63} - \frac{18}{63} = \frac{38}{63}$

정리해 볼까요?

숫자 카드를 이용하여 〈해결 과정〉에 따라 두 분수의 차 계산하기

① 가장 큰 진분수는 분모가 클수록, 분자는 분모보다 작은 수 중에서 큰 수로 만든다.

② 가장 작은 진분수는 남은 숫자 중에서 분모는 크고, 분자는 작도록 하여 분수의 크기가 작아지도록 만든다.

③ 가장 큰 진분수와 가장 작은 진분수의 분모를 통분하여 차를 계산한다.

첫걸음 가볍게!

✎ 다음 숫자 카드를 이용하여 <해결 과정>에 따라 두 분수의 차를 계산하고 그 방법을 설명하시오.

| 2 | 4 | 6 | 8 | 10 |

〈해결 과정〉

① 숫자 카드 2장을 이용해 가장 큰 진분수를 만듭니다.

② 남은 숫자 중에서 2장을 이용해 가장 작은 진분수를 만듭니다.

③ 두 분수의 차를 구합니다.

(단, 만든 진분수는 기약분수가 아니어도 됩니다.)

1 가장 큰 진분수를 만들고 그 이유를 설명해 봅시다.

 왜냐하면 진분수는 _____가 클수록, _____가 클수록

크기 때문입니다.

2 가장 작은 진분수를 만들고 그 이유를 설명해 봅시다.

 왜냐하면 ▯ 을 만들고 남은 숫자인 _____ 중에서 _____는 클수록,

_____는 작을수록 진분수의 크기가 작아지기 때문입니다.

3 가장 큰 진분수와 가장 작은 진분수의 차를 계산해 봅시다.

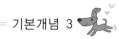

한 걸음 두 걸음!

✏️ 다음 숫자 카드를 이용하여 <해결 과정>에 따라 두 분수의 차를 계산하고 그 방법을 설명하시오.

[3] [4] [5] [6] [7] [8]

〈해결 과정〉

① 숫자 카드 2장을 이용해 가장 큰 진분수를 만듭니다.

② 남은 숫자 중에서 2장을 이용해 가장 작은 진분수를 만듭니다.

③ 두 분수의 차를 구합니다.

(단, 만든 진분수는 기약분수가 아니어도 됩니다.)

1 가장 큰 진분수를 만들고 그 이유를 설명해 봅시다.

왜냐하면 진분수는 _____, _____

크기 때문입니다.

2 남은 숫자 중에서 가장 작은 진분수를 만들고 그 이유를 설명해 봅시다.

왜냐하면 ☐ 을 만들고 남은 숫자인 _____ 중에서 _____,

_____ 진분수의 크기가 작아지기 때문입니다.

3 가장 큰 진분수와 가장 작은 진분수의 차를 계산해 봅시다.

도전! 서술형!

✏️ 다음 숫자 카드를 이용하여 <해결 과정>에 따라 두 분수의 차를 계산하고 그 방법을 설명하시오.

〈해결 과정〉

① 숫자 카드 2장을 이용해 가장 큰 진분수를 만듭니다.

② 남은 숫자 중에서 2장을 이용해 가장 작은 진분수를 만듭니다.

③ 두 분수의 차를 구합니다.

(단, 만든 진분수는 기약분수가 아니어도 됩니다.)

1 가장 큰 진분수를 만들고 그 이유를 설명해 봅시다.

2 남은 숫자 중에서 가장 작은 진분수를 만들고 그 이유를 설명해 봅시다.

3 가장 큰 진분수와 가장 작은 진분수의 차를 계산해 봅시다.

 실전! 서술형!

다음 숫자 카드를 이용하여 <해결 과정>에 따라 두 분수의 차를 계산하고 그 방법을 설명하시오.

〈해결 과정〉

① 숫자 카드 2장을 이용해 가장 큰 진분수를 만듭니다.

② 남은 숫자 중에서 2장을 이용해 가장 작은 진분수를 만듭니다.

③ 두 분수의 차를 구합니다.

(단, 만든 진분수는 기약분수가 아니어도 됩니다.)

Jumping Up! 창의성!

고대 이집트 사람들은 분자가 1인 단위분수를 사용했습니다. 특히 고대 이집트 사람들의 기록에 따르면 호루스의 눈이라는 상징에 분수를 배치하여 측량 등 분수가 필요한 곳에 활용했다고 합니다. 호루스의 눈 그림을 보고 문제를 해결해 봅시다.

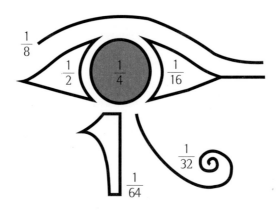

1 호루스 눈의 상징에 배치한 분수를 모두 더하면 얼마인지 구해 봅시다.

2 □안에 알맞은 분수를 구해봅시다.

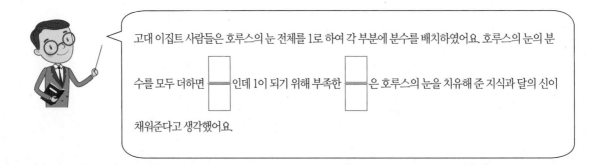

고대 이집트 사람들은 호루스의 눈 전체를 1로 하여 각 부분에 분수를 배치하였어요. 호루스의 눈의 분수를 모두 더하면 $\dfrac{}{}$ 인데 1이 되기 위해 부족한 $\dfrac{}{}$ 은 호루스의 눈을 치유해 준 지식과 달의 신이 채워준다고 생각했어요.

1 $\frac{2}{3}+\frac{1}{4}$ 을 계산하기 위해 분모를 통분하는 이유를 설명하시오.

2 수현이가 쿠키를 만들려고 밀가루 $\frac{5}{6}$ 컵을 넣었는데 밀가루가 부족하여 $\frac{3}{4}$ 컵을 더 넣었습니다. 쿠키를 만드는 데 사용한 밀가루의 양은 모두 몇 컵인지 계산하고 계산 방법을 설명하시오.

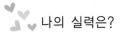
3 다음 숫자 카드를 이용하여 <해결 과정>에 따라 두 분수의 차를 계산하고 그 방법을 설명하시오.

〈해결 과정〉

① 숫자 카드 2장을 이용해 가장 큰 진분수를 만듭니다.

② 남은 숫자 중에서 2장을 이용해 가장 작은 진분수를 만듭니다.

③ 두 분수의 차를 구합니다.

(단, 만든 진분수는 기약분수가 아니어도 됩니다.)

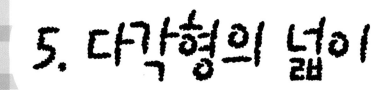

5. 다각형의 넓이

5. 다각형의 넓이 (기본개념1)

개념 쏙쏙!

아래 그림은 정사각형을 똑같은 크기와 모양의 2개의 직사각형으로 나눈 것입니다. 한 직사각형의 둘레가 12cm 라고 할 때, 정사각형의 둘레의 길이를 구하고 풀이 과정을 설명하시오.

1 직사각형의 세로의 길이를 ★이라고 할 때, 가로의 길이를 ★을 사용하여 나타내어 봅시다.

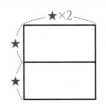

직사각형의 세로의 길이는 정사각형의 한 변의 길이를 똑같이 반으로 나눈 것입니다. 직사각형의 세로의 길이를 ★이라고 하면, 가로의 길이는 ★×2입니다.

2 직사각형의 가로와 세로의 길이를 알아봅시다.

직사각형의 둘레의 길이는 12cm 이므로, ★+★×2=6(cm)입니다.

★=2이므로, 직사각형의 가로의 길이는 4cm, 세로의 길이는 2cm입니다.

3 정사각형의 둘레의 길이를 구해봅시다.

정사각형의 한 변의 길이는 4cm이므로, 정사각형의 둘레의 길이는 4(cm)×4=16(cm)입니다.

정리해 볼까요?

정사각형의 둘레의 길이 구하기

직사각형의 세로의 길이는 정사각형의 한 변의 길이를 똑같이 반으로 나눈 것이므로 직사각형의 세로의 길이를 ★이라고 하면, 가로의 길이는 ★×2입니다.

직사각형의 둘레의 길이는 12cm이므로, ★+★×2=6(cm)입니다. ★=☐이므로, 정사각형의 한 변의 길이는 ☐ cm입니다. 따라서, 정사각형의 둘레의 길이는 ☐ (cm)×4= ☐ (cm)입니다.

첫걸음 가볍게 !

✏️ 아래 그림은 정사각형을 똑같은 크기와 모양의 2개의 직사각형으로 나눈 것입니다. 한 직사각형의 둘레
가 24cm 라고 할 때, 정사각형의 둘레의 길이를 구하고 풀이 과정을 설명하시오.

1 직사각형의 세로의 길이를 ★이라고 할 때, 가로의 길이를 ★을 사용하여 나타내어 봅시다.

직사각형의 세로의 길이는 정사각형의 한 변의 길이를

[   ] 입니다. 직사각형의

세로의 길이를 ★이라고 하면, 가로의 길이는 [   ] 입니다.

2 직사각형의 가로와 세로의 길이를 알아봅시다.

직사각형의 둘레의 길이는 24cm이므로, [   ] = [   ] (cm)입니다.

★= [   ] 이므로, 직사각형의 가로의 길이는 [   ] cm, 세로의 길이는 [   ] cm입니다.

3 정사각형의 둘레의 길이를 구해 봅시다.

정사각형의 한 변의 길이는 [   ] cm이므로, 정사각형의 둘레의 길이는 [   ] = [   ] (cm)
입니다.

한 걸음 두 걸음!

✏️ 아래 그림은 정사각형을 똑같은 크기와 모양의 2개의 직사각형으로 나눈 것입니다. 한 직사각형의 둘레가 30cm라고 할 때, 정사각형의 둘레의 길이를 구하고 풀이 과정을 설명하시오.

1 직사각형의 세로의 길이를 ★이라고 할 때, 가로의 길이를 ★을 사용하여 나타내어 봅시다.

직사각형의 세로의 길이는 _____ 입니다.

직사각형의 세로의 길이를 ★이라고 하면, 가로의 길이는 _____ 입니다.

2 직사각형의 가로와 세로의 길이를 알아봅시다.

직사각형의 둘레의 길이는 30cm이므로, _____ =15(cm)입니다.

★= [ ] 이므로, 직사각형의 가로의 길이는 [ ] cm, 세로의 길이는 [ ] cm입니다.

3 정사각형의 둘레의 길이를 구해 봅시다.

정사각형의 한 변의 길이는 [ ] cm이므로, 정사각형의 둘레의 길이는 _____ 이므로

[ ] (cm)입니다.

도전! 서술형!

✏️ 아래 그림은 정사각형을 똑같은 크기와 모양의 2개의 직사각형으로 나눈 것입니다. 한 직사각형의 둘레가 36cm라고 할 때, 정사각형의 둘레의 길이를 구하고 풀이 과정을 설명하시오.

1 직사각형의 가로와 세로의 길이를 알아봅시다.

직사각형의 세로의 길이는 정사각형의 한 변의 길이를 똑같이 반으로 나눈 것입니다. 직사각형의 세로의

길이를 ★이라고 하면, 가로의 길이는 _____ 입니다.

직사각형의 둘레의 길이는 36cm이므로, _____=18(cm)입니다.

_____

_____

2 정사각형의 둘레의 길이를 구해 봅시다.

실전! 서술형!

아래 그림은 정사각형을 똑같은 크기와 모양의 3개의 직사각형으로 나눈 것입니다. 한 직사각형의 둘레가 40cm라고 할 때, 정사각형의 둘레의 길이를 구하고 풀이 과정을 설명하시오.

5. 다각형의 넓이 (기본개념2)

개념 쏙쏙!

삼각형 (가)와 (나)를 붙여 큰 삼각형을 만들었습니다. 삼각형 (나)의 넓이가 6㎠일 때, (가)와 (나)를 붙여서 만든 큰 삼각형의 넓이를 구하고, 풀이 과정을 설명하시오.

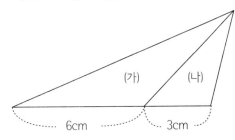

1 큰 삼각형의 밑변의 길이를 구해 봅시다.

큰 삼각형의 밑변의 길이는 삼각형 (가)와 삼각형 (나)의 밑변의 길이의 합과 같습니다. 따라서, 큰 삼각형의 밑면의 길이는 6(cm)+3(cm)=9(cm)입니다.

2 큰 삼각형의 높이를 구해 봅시다.

큰 삼각형의 높이는 삼각형 (나)의 높이와 같습니다. 삼각형 (나)의 높이를 □cm라 하면, 3(cm)×□÷2=6(㎠)이므로 삼각형 (나)의 높이는 4cm입니다. 따라서, 큰 삼각형의 높이는 4cm입니다.

3 큰 삼각형의 넓이를 구해 봅시다.

큰 삼각형의 넓이는 ☐ (cm)× ☐ (cm)÷2= ☐ (㎠)입니다.

정리해 볼까요?

높이가 같은 삼각형의 넓이 구하기

큰 삼각형의 밑변의 길이는 삼각형 (가)와 삼각형 (나)의 밑변의 길이의 합과 같으므로 ☐ (cm)+ ☐ (cm)

= ☐ (cm)입니다. 삼각형 (나)의 높이를 □cm라 하면, 3(cm)×□÷2=6(㎠) 이므로 삼각형 (나)의 높이는

☐ cm이고, 큰 삼각형이 높이도 삼각형 (나)의 높이와 같습니다. 따라서, 큰 삼각형의 넓이는 ☐ (cm)

× ☐ (cm)÷2= ☐ (㎠)입니다.

첫걸음 가볍게!

✎ 삼각형 (가)와 (나)를 붙여 큰 삼각형을 만들었습니다. 삼각형 (나)의 넓이가 9㎠일 때, (가)와 (나)를 붙여서 만든 큰 삼각형의 넓이를 구하고, 풀이 과정을 설명하시오.

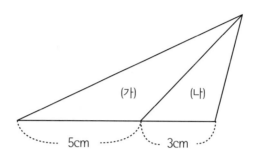

1 큰 삼각형의 밑변의 길이를 구해 봅시다.

큰 삼각형의 밑변의 길이는 삼각형 (가)와 삼각형 (나)의 [   ]과 같습니다.

따라서, 큰 삼각형의 밑면의 길이는 [   ](cm)+[   ](cm)=[   ](cm)입니다.

2 큰 삼각형의 높이를 구해 봅시다.

큰 삼각형의 높이는 [   ]와 같습니다.

삼각형 (나)의 높이를 □cm라 하면, [   ]이므로 삼각형 (나)의 높이는 [   ]cm 입니다.

따라서, 큰 삼각형의 높이는 [   ]cm입니다.

3 큰 삼각형의 넓이를 구해 봅시다.

큰 삼각형의 넓이는 [   ](cm)×[   ](cm)÷2=[   ](㎠)입니다.

한 걸음 두 걸음!

🖊 삼각형 (가)와 (나)를 붙여 큰 삼각형을 만들었습니다. 삼각형 (나)의 넓이가 5㎠일 때, (가)와 (나)를 붙여서 만든 큰 삼각형의 넓이를 구하고, 풀이 과정을 설명하시오.

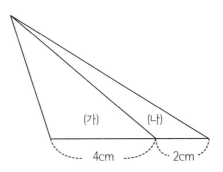

1 큰 삼각형의 밑변의 길이를 구해 봅시다.

큰 삼각형의 밑변의 길이는 _____과 같습니다.

따라서, 큰 삼각형의 밑면의 길이는 _____ = ⬚ (cm)입니다.

2 큰 삼각형의 높이를 구해 봅시다.

큰 삼각형의 높이는 _____와 같습니다.

삼각형 (나)의 높이를 □cm라 하면, _____ = 5(㎠)이므로 삼각형 (나)의 높이

는 ⬚ cm입니다.

따라서, 큰 삼각형의 높이는 ⬚ cm입니다.

3 큰 삼각형의 넓이를 구해 봅시다.

큰 삼각형의 넓이는 _____ = ⬚ (㎠)입니다.

도전! 서술형!

✏️ 삼각형 (가)와 (나)를 붙여 큰 삼각형을 만들었습니다. 삼각형 (가)의 넓이가 20cm²일 때, (가)와 (나)를 붙여서 만든 큰 삼각형의 넓이를 구하고, 풀이 과정을 설명하시오.

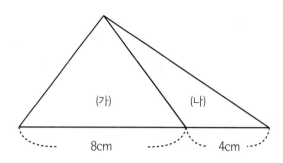

1 큰 삼각형의 밑변의 길이와 높이를 구해 봅시다.

큰 삼각형의 밑변의 길이는 _____ 과 같으므로,

큰 삼각형의 밑면의 길이는 _____ = [　　] (cm)입니다.

삼각형 (가)의 높이를 □cm라 하면, _____ = 20(cm²) 이므로 삼각형 (가)의 높이는 [　　] cm입니다. 큰 삼각형의 높이는 _____와 같으므로, 큰 삼각형의 높이는 [　　] cm입니다.

2 큰 삼각형의 넓이를 구해 봅시다.

실전! 서술형!

✎ 삼각형 (가)와 (나)를 붙여 큰 삼각형을 만들었습니다. 삼각형 (가)의 넓이가 12㎠일 때, (가)와 (나)를 붙여서 만든 큰 삼각형의 넓이를 구하고, 풀이 과정을 설명하시오.

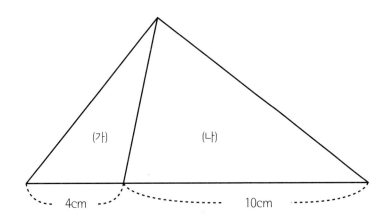

5. 다각형의 넓이 (기본개념3)

✏️ 다각형의 넓이를 2가지 방법으로 구하고, 구하는 과정을 그림과 글로 나타내시오.

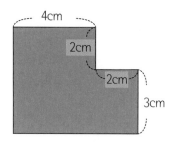

1 비워진 부분을 채워서 다각형의 넓이를 구해 봅시다.

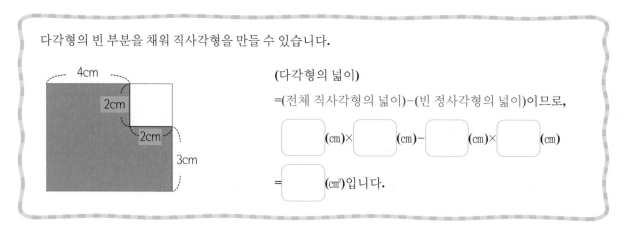

다각형의 빈 부분을 채워 직사각형을 만들 수 있습니다.

(다각형의 넓이)

=(전체 직사각형의 넓이)−(빈 정사각형의 넓이)이므로,

☐ (cm)× ☐ (cm)− ☐ (cm)× ☐ (cm)

= ☐ (cm²)입니다.

2 전체를 부분으로 나누어 다각형의 넓이를 구해 봅시다.

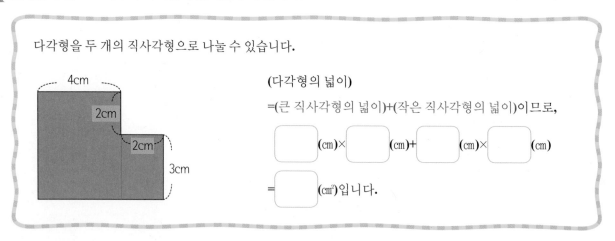

다각형을 두 개의 직사각형으로 나눌 수 있습니다.

(다각형의 넓이)

=(큰 직사각형의 넓이)+(작은 직사각형의 넓이)이므로,

☐ (cm)× ☐ (cm)+ ☐ (cm)× ☐ (cm)

= ☐ (cm²)입니다.

정리해 볼까요?

여러 가지 방법으로 다각형의 넓이 구하기

다각형의 넓이는 다각형을 여러 가지 도형으로 자르거나 채워서 다양한 방법으로 구할 수 있습니다.

방법 1> 빈 부분을 채워서 다각형의 넓이 구하기

(다각형의 넓이)=(전체 직사각형의 넓이)−(빈 정사각형의 넓이)이므로, 6(cm)×5(cm)−2(cm)×2(cm)=26(cm²)

입니다.

방법 2> 다각형을 두 개의 직사각형으로 나누어 넓이 구하기

(다각형의 넓이)=(큰 직사각형의 넓이)+(작은 직사각형의 넓이)이므로, 4(cm)×5(cm)+2(cm)×3(cm)=26(cm²)

입니다.

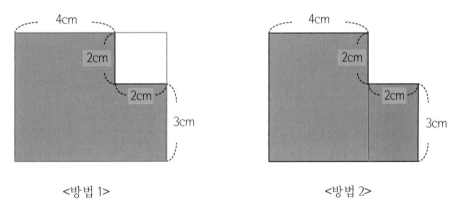

<방법 1>   <방법 2>

※ 그 외에도 다양한 [   ]과 [   ]로 나누어 넓이를 구할 수 있습니다.

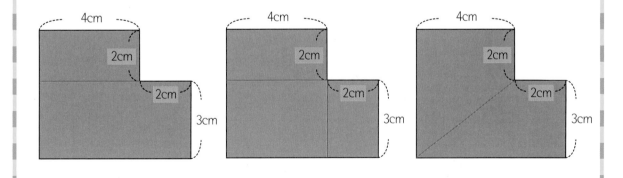

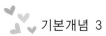

첫걸음 가볍게!

✏️ 다각형의 넓이를 2가지 방법으로 구하고,
구하는 과정을 그림과 글로 나타내시오.

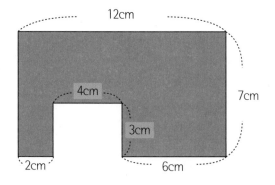

1 비워진 부분을 채워서 다각형의 넓이를 구해 봅시다.

다각형의 빈 부분을 채워 직사각형을 만들 수 있습니다.

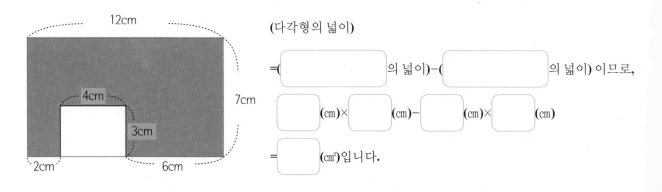

(다각형의 넓이)

=(　　　　　　　　의 넓이)−(　　　　　　　　의 넓이) 이므로,

□ (cm)×□ (cm)−□ (cm)×□ (cm)

=□ (cm²)입니다.

2 전체를 부분으로 나누어 다각형의 넓이를 구해 봅시다.

다각형의 세 개의 직사각형을 만들 수 있습니다.

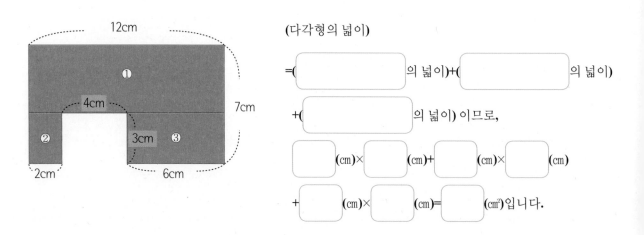

(다각형의 넓이)

=(　　　　　　　　의 넓이)+(　　　　　　　　의 넓이)

+(　　　　　　　　의 넓이) 이므로,

□ (cm)×□ (cm)+□ (cm)×□ (cm)

+□ (cm)×□ (cm)=□ (cm²)입니다.

한 걸음 두 걸음!

✏️ 다각형의 넓이를 2가지 방법으로 구하고, 구하는 과정을 그림과 글로 나타내시오.

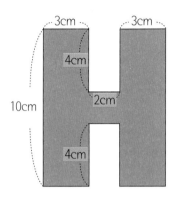

1 비워진 부분을 채워서 다각형의 넓이를 구해 봅시다.

다각형의 빈 부분을 채워 직사각형을 만들 수 있습니다.

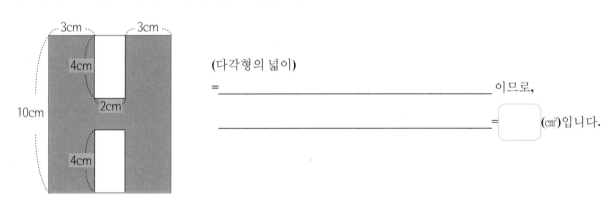

(다각형의 넓이)

= _____ 이므로,

_____ = ☐ (㎠)입니다.

2 전체를 부분으로 나누어 다각형의 넓이를 구해 봅시다.

다각형의 세 개의 직사각형으로 나눌 수 있습니다.

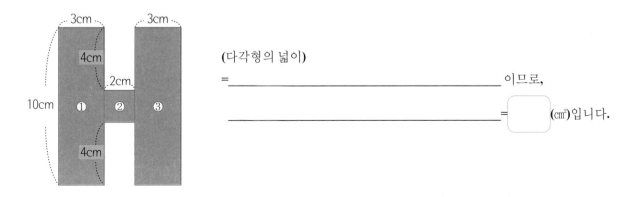

(다각형의 넓이)

= _____ 이므로,

_____ = ☐ (㎠)입니다.

도전! 서술형!

✏️ 다각형의 넓이를 2가지 방법으로 구하고, 구하는 과정을 그림과 글로 나타내시오.

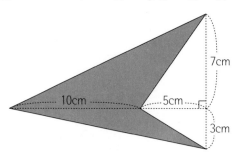

1 비워진 부분을 채워서 다각형의 넓이를 구해 봅시다.

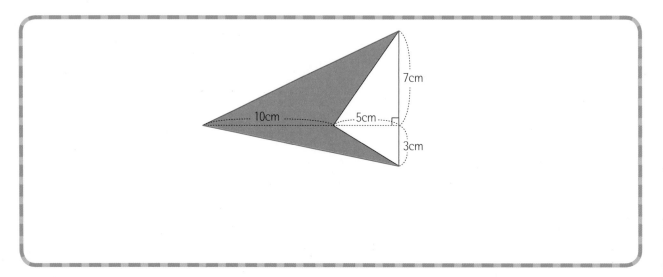

2 전체를 부분으로 나누어 다각형의 넓이를 구해 봅시다.

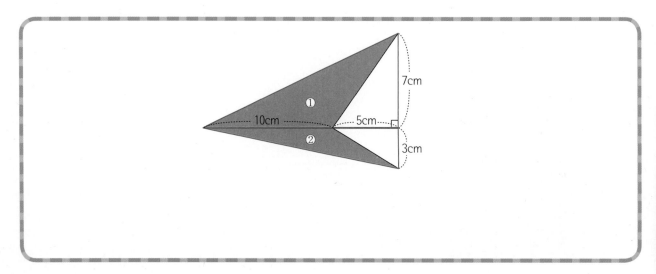

실전! 서술형!

다각형의 넓이를 2가지 방법으로 구하고, 구하는 과정을 그림과 글로 나타내시오.

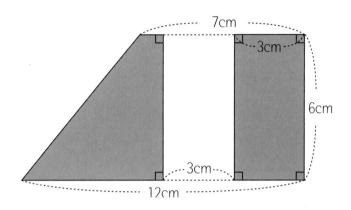

Jumping Up! 창의성!

✏ 점 사이의 거리가 1cm인 점판에 넓이가 10㎠인 <보기>의 도형을 그려 봅시다.

> **보기**
>
> 삼각형, 직사각형, 평행사변형, 사다리꼴, 마름모

1 아래 그림은 정사각형을 똑같은 크기와 모양의 2개의 직사각형으로 나눈 것입니다. 한 직사각형의 둘레가 42cm라고 할 때, 정사각형의 둘레의 길이를 구하고 풀이 과정을 설명하시오.

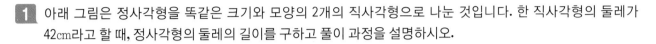

2 삼각형 (가)와 (나)를 붙여 큰 삼각형을 만들었습니다. 삼각형 (나)의 넓이가 20㎠일 때, (가)와 (나)를 붙여서 만든 큰 삼각형의 넓이를 구하고, 풀이 과정을 설명하시오.

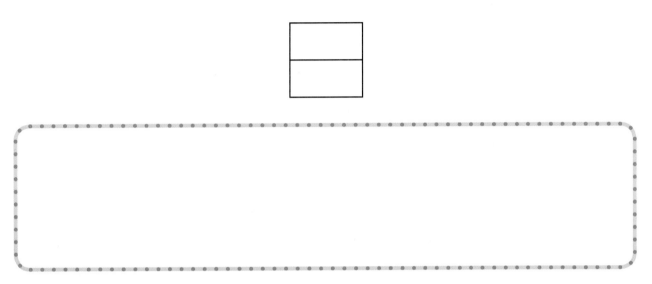

3 다각형의 넓이를 2가지 방법으로 구하고, 구하는 과정을 그림과 글로 나타내시오.

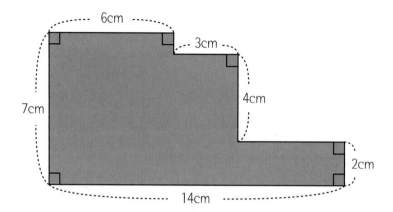

6. 분수의 곱셈

6. 분수의 곱셈 (기본개념1)

개념 쏙쏙!

✏️ 지윤이는 식혜 한 컵의 $\frac{1}{2}$씩 5명의 친구들에게 나누어 주었습니다. 지윤이가 친구들에게 나누어 준 식혜의 양은 모두 몇 컵인지 여러 가지 방법으로 구하고 설명하시오.

1 그림으로 알아봅시다.

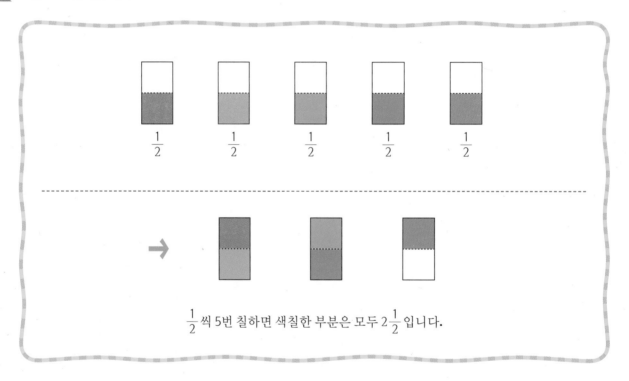

$\frac{1}{2}$씩 5번 칠하면 색칠한 부분은 모두 $2\frac{1}{2}$입니다.

2 덧셈으로 알아봅시다.

$$\frac{1}{2} + \frac{1}{2} + \frac{1}{2} + \frac{1}{2} + \frac{1}{2} = \frac{5}{2} = 2\frac{1}{2}$$

$\frac{1}{2}$을 5번 더하면 $\frac{5}{2} = 2\frac{1}{2}$입니다.

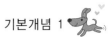

3 곱셈으로 알아봅시다.

$\dfrac{1}{2} \times 5 = \dfrac{1 \times 5}{2} = \dfrac{5}{2} = 2\dfrac{1}{2}$ 이고,

$\dfrac{1}{2}$ 의 5배는 $\dfrac{1 \times 5}{2}$ 와 같으므로 $2\dfrac{1}{2}$ 입니다.

따라서 지윤이가 친구들에게 나누어 준 식혜의 양은 모두 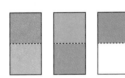 컵입니다.

정리해 볼까요?

$\dfrac{1}{2} \times 5$ 를 여러 가지 방법으로 구하고 설명하기

1. 그림으로 해결하기

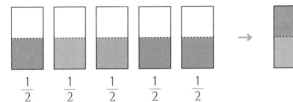

$\dfrac{1}{2}$　$\dfrac{1}{2}$　$\dfrac{1}{2}$　$\dfrac{1}{2}$　$\dfrac{1}{2}$ → $2\dfrac{1}{2}$

2. 덧셈으로 해결하기

$\dfrac{1}{2} + \dfrac{1}{2} + \dfrac{1}{2} + \dfrac{1}{2} + \dfrac{1}{2} = \dfrac{5}{2} = 2\dfrac{1}{2}$

$\dfrac{1}{2}$ 을 5번 더하면 $\dfrac{5}{2} = 2\dfrac{1}{2}$ 입니다.

3. 곱셈으로 해결하기

$\dfrac{1}{2} \times 5 = \dfrac{1 \times 5}{2} = \dfrac{5}{2} = 2\dfrac{1}{2}$ 이고,

$\dfrac{1}{2}$ 의 5배는 $\dfrac{1 \times 5}{2}$ 와 같으므로 $2\dfrac{1}{2}$ 입니다.

첫걸음 가볍게 !

✏️ 한 명이 떡 한 개의 $\frac{3}{4}$ 씩 먹었습니다. 3명이 먹은 떡의 양은 모두 몇 개인지 여러 가지 방법으로 구하고 설명하시오.

1 그림으로 알아봅시다.

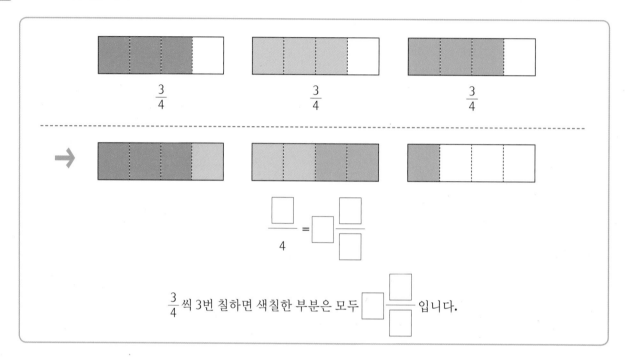

$\frac{3}{4}$ $\frac{3}{4}$ $\frac{3}{4}$

$$\frac{\boxed{}}{4} = \boxed{}\frac{\boxed{}}{\boxed{}}$$

$\frac{3}{4}$ 씩 3번 칠하면 색칠한 부분은 모두 $\boxed{}\frac{\boxed{}}{\boxed{}}$ 입니다.

2 덧셈으로 알아봅시다.

$$\frac{3}{4} + \frac{3}{4} + \frac{3}{4} = \frac{\boxed{}}{4} = \boxed{}\frac{\boxed{}}{4} \;\rightarrow\; \frac{3}{4} 을 \boxed{}번 \underline{\hspace{3cm}} \boxed{}\frac{\boxed{}}{4} 입니다.$$

3 곱셈으로 알아봅시다.

$$\frac{3}{4} \times 3 = \frac{3\times3}{4} = \frac{\boxed{}}{4} = \boxed{}\frac{\boxed{}}{4} \;\rightarrow\; \frac{3}{4} 의 \boxed{}배는 \frac{3\times\boxed{}}{4} 과 \underline{\hspace{3cm}} \boxed{}\frac{\boxed{}}{4} 입니다.$$

따라서 3명이 먹은 떡의 양은 모두 $\boxed{}\frac{\boxed{}}{\boxed{}}$ 개입니다.

한 걸음 두 걸음!

✏️ 지훈이는 오늘 우유 한 컵의 $\frac{3}{5}$을 4번 마셨습니다. 지훈이가 오늘 마신 우유의 양은 얼마인지 여러 가지 방법으로 구하고 설명하시오.

1 그림으로 알아봅시다.

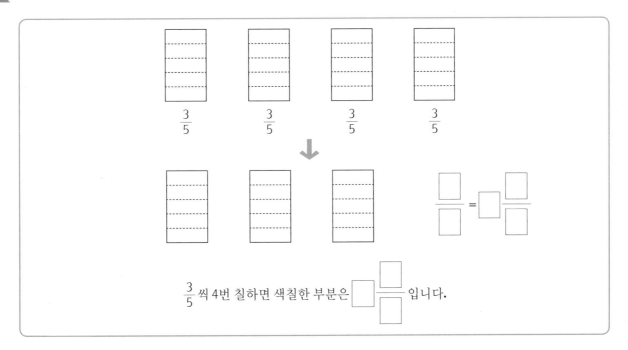

$\frac{3}{5}$씩 4번 칠하면 색칠한 부분은 ☐☐ 입니다.

2 덧셈으로 알아봅시다.

$$\frac{\square}{\square} + \frac{\square}{\square} + \frac{\square}{\square} + \frac{\square}{\square} = \frac{\square}{5} = \square\frac{\square}{5} \longrightarrow \underline{\hspace{6cm}}$$

3 곱셈으로 알아봅시다.

$$\frac{3}{5} \times 4 = \frac{\square \times \square}{5} = \frac{\square}{5} = \square\frac{\square}{5} \longrightarrow \underline{\hspace{6cm}}$$

따라서 지호가 오늘 마신 우유의 양은 ☐☐ 컵입니다.

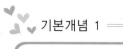

도전! 서술형!

✏️ 벽 1m²를 칠하는 데 페인트 $\frac{3}{8}$L가 필요합니다. 벽 5m²를 칠하는 데 필요한 페인트는 몇 L인지 여러 가지 방법으로 구하고 설명하시오.

1 그림으로 알아봅시다.

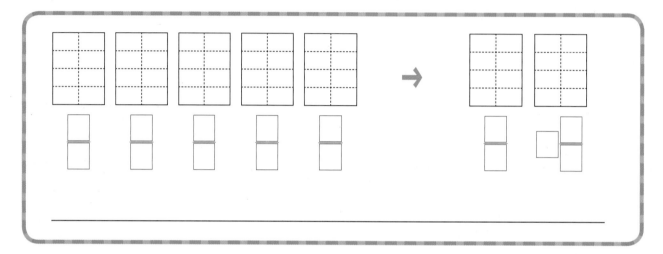

2 덧셈으로 알아봅시다.

3 곱셈으로 알아봅시다.

따라서 _____

실전! 서술형!

쿠키 한 개를 만드는 데 밀가루 한 컵의 $\frac{2}{5}$ 만큼 필요합니다. 쿠키 6개를 만드는 데 필요한 밀가루는 몇 컵인지 여러 가지 방법으로 구하고 설명하시오.

6. 분수의 곱셈 (기본개념2)

개념 쏙쏙!

✏️ 초콜릿 한 조각의 열량은 40Kcal(킬로칼로리)입니다. 초콜릿 $1\frac{3}{4}$ 조각의 열량은 몇 Kcal(킬로칼로리)인지 여러 가지 방법으로 구하고 설명하시오.

1 그림으로 나타내어 봅시다.

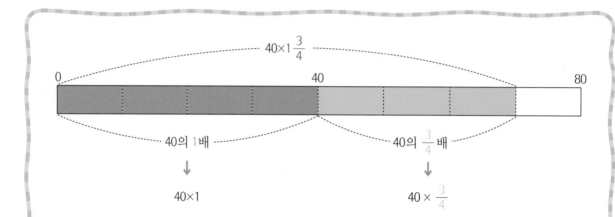

40의 $1\frac{3}{4}$ 배는 40의 1배와 40의 $\frac{3}{4}$ 배를 더한 것과 같습니다.

40의 1배는 40이고 40의 $\frac{3}{4}$ 배는 30입니다.

따라서 40의 $1\frac{3}{4}$ 배는 40과 30을 더한 70입니다.

2 곱셈으로 알아봅시다.

<방법1>

대분수를 (자연수)+(진분수)로 고쳐서 40×(자연수)+40×(진분수)로 계산합니다.

$$40 \times 1\frac{3}{4} = (40 \times 1) + (\overset{10}{40} \times \frac{3}{\underset{1}{4}}) = 40 + 30 = 70$$

<방법2>

대분수를 가분수로 고쳐서 계산합니다.

$$40 \times 1\frac{3}{4} = \overset{\boxed{10}}{40} \times \frac{7}{\underset{\boxed{1}}{4}} = 10 \times 7 = 70$$

정리해 볼까요?

$40 \times 1\frac{3}{4}$ 을 여러 가지 방법으로 구하고 설명하기

(1) 그림으로 해결하기

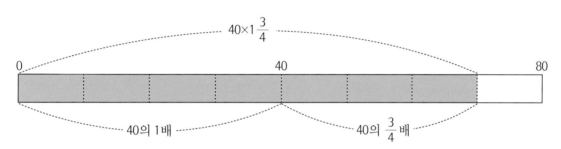

(2) 식으로 해결하기

<방법1>

대분수를 (자연수)+(진분수)로 고쳐서 계산합니다.

$$40 \times 1\frac{3}{4} = (40 \times 1) + (\overset{10}{40} \times \frac{3}{\underset{1}{4}}) = 40 + 30 = 70$$

<방법2>

대분수를 가분수로 고쳐서 계산합니다.

$$40 \times 1\frac{3}{4} = \overset{10}{40} \times \frac{7}{\underset{1}{4}} = 10 \times 7 = 70$$

첫걸음 가볍게!

수현이는 자전거로 한 시간에 6km를 갈 수 있습니다. 수현이가 같은 빠르기로 2시간 20분 동안 자전거로 갈 수 있는 거리는 몇 km인지 여러 가지 방법으로 구하고 설명하시오.

1 2시간 20분을 시간으로 나타내어 봅시다.

20분은 몇 시간일까요?

$$20분 \rightarrow \frac{20}{60} 시간 \rightarrow \frac{1}{3} 시간$$

20분을 시간으로 나타내면 $\frac{1}{3}$ 시간입니다.

따라서 2시간 20분은 $2\frac{1}{3}$ 시간입니다.

TIP 분을 시간으로 나타내면?

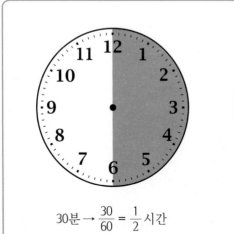

$$30분 \rightarrow \frac{30}{60} = \frac{1}{2} 시간$$

$$15분 \rightarrow \frac{15}{60} = \frac{1}{4} 시간$$

$$20분 \rightarrow \frac{20}{60} = \frac{1}{3} 시간$$

2 그림으로 나타내어 봅시다.

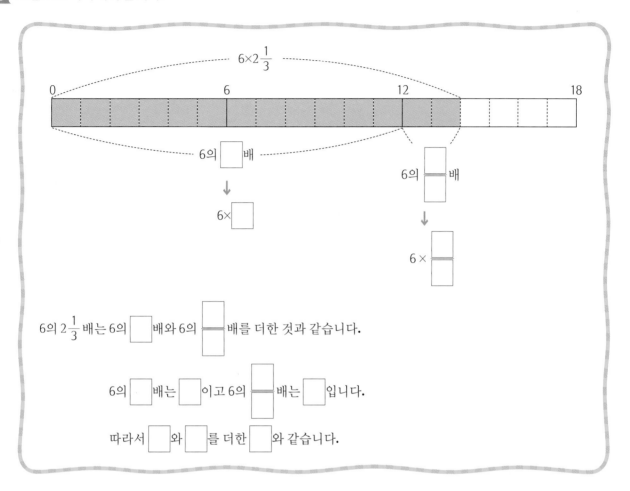

$6 \times 2\frac{1}{3}$

0   6   12   18

6의 $\boxed{}$ 배

↓

$6 \times \boxed{}$

6의 $\boxed{\frac{}{}}$ 배

↓

$6 \times \boxed{\frac{}{}}$

6의 $2\frac{1}{3}$ 배는 6의 $\boxed{}$ 배와 6의 $\boxed{\frac{}{}}$ 배를 더한 것과 같습니다.

6의 $\boxed{}$ 배는 $\boxed{}$ 이고 6의 $\boxed{\frac{}{}}$ 배는 $\boxed{}$ 입니다.

따라서 $\boxed{}$ 와 $\boxed{}$ 를 더한 $\boxed{}$ 와 같습니다.

3 식으로 알아봅시다.

(방법1)

대분수를 (_____)+(_____)로 고쳐서 계산합니다.

$6 \times 2\frac{1}{3} = (6 \times \boxed{}) + (6 \times \boxed{\frac{}{}})$

$= \boxed{} + \boxed{}$

$= \boxed{}$

(방법2)

대분수를 _____로 고쳐서 계산합니다.

$6 \times 2\frac{1}{3} = 6 \times \boxed{\frac{}{}}$

$= \dfrac{\boxed{}}{} \times \boxed{}$

$= \boxed{}$

따라서 수현이가 2시간 20분 동안 자전거로 갈 수 있는 거리는 $\boxed{}$ km입니다.

 **한 걸음 두 걸음!**

✏️ 한 포대에 20kg의 쌀이 담겨 있습니다. 원우네 학교에서 오늘 점심 급식에 쌀 $2\frac{3}{7}$ 포대를 사용하였습니다. 원우네 학교에서 오늘 점심 급식에 사용한 쌀의 양은 얼마인지 여러 가지 방법으로 구하고 설명하시오.

1 그림으로 나타내어 봅시다.

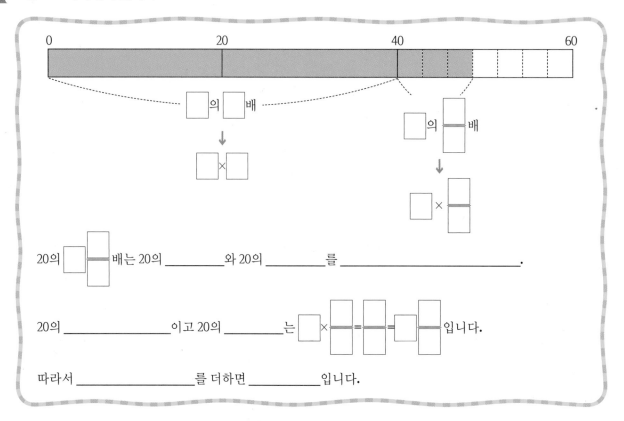

2 식으로 알아봅시다.

(방법1)

대분수를 _____ _____ 계산합니다.

$20 \times 2\frac{3}{7} =$

(방법2)

대분수를 _____ 계산합니다.

$20 \times 2\frac{3}{7} =$

따라서 원우네 학교에서 오늘 점심 급식에 사용한 쌀의 양은 □/□ 포대입니다.

도전! 서술형!

✏️ 정민이네 선풍기는 한 시간에 48W(와트)의 전력을 소비합니다. 선풍기를 1시간 45분 동안 작동시켰을 때 소비되는 전력은 몇 W(와트)인지 여러 가지 방법으로 구하고 설명하시오.

1 1시간 45분은 몇 시간인지 분수로 나타내어 봅시다.

2 그림으로 알아봅시다.

```
0                              48                              96
|_____|_____|_____|_____|
```

3 식으로 알아봅시다.

(방법1)	(방법1)
_____	_____
_____	_____

따라서 _____ 입니다.

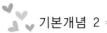

실전! 서술형!

 어제 제주도에서 한 시간에 20㎜씩 비가 내렸습니다. 2시간 50분 동안 내렸다면 어제 제주도에 내린 비는 몇 ㎜인지 여러 가지 방법으로 구하고 설명하시오.

6. 분수의 곱셈 (기본개념3)

개념 쏙쏙!

✏️ 세 분수의 크기를 비교하고 그 결과를 설명하시오.

$$\frac{1}{3} \qquad \frac{1}{3} \times \frac{1}{2} \qquad \frac{1}{3} \times 1\frac{1}{2}$$

1 $\frac{1}{3}$ 과 $\frac{1}{3} \times \frac{1}{2}$ 의 크기를 비교하고 설명해 봅시다.

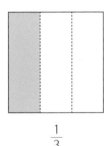
$$\frac{1}{3}$$

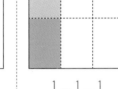
$$\frac{1}{3} \times \frac{1}{2} = \frac{1}{6}$$

$\frac{1}{3}$ 에 진분수인 $\frac{1}{2}$ 을 곱하면 원래의 수인 $\frac{1}{3}$ 보다 작습니다.

2 $\frac{1}{3}$ 과 $\frac{1}{3} \times 1\frac{1}{2}$ 의 크기를 비교하고 설명해 봅시다.

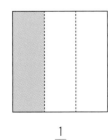
$$\frac{1}{3}$$

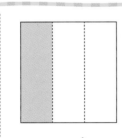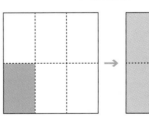
$$(\frac{1}{3} \times 1) + (\frac{1}{3} \times \frac{1}{2}) =$$

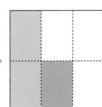
$$\frac{1}{3} + \frac{1}{6} = \frac{1}{2}$$

$\frac{1}{3}$ 에 대분수인 $1\frac{1}{2}$ 을 곱하면 원래의 수인 $\frac{1}{3}$ 보다 큽니다.

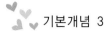
3 세 분수의 크기를 비교하면 다음과 같습니다. 그 이유를 설명해 봅시다.

$$\frac{1}{3} \times \frac{1}{2} \;\; \textcircled{<} \;\; \frac{1}{3} \;\; \textcircled{<} \;\; \frac{1}{3} \times 1\frac{1}{2}$$

$\frac{1}{3} \times \frac{1}{2}$ 은 $\frac{1}{3}$ 에 1보다 작은 수인 $\frac{1}{2}$ 을 곱했기 때문에 $\frac{1}{3}$ 보다 작아지고

$\frac{1}{3} \times 1\frac{1}{2}$ 은 $\frac{1}{3}$ 에 1보다 큰 수인 $1\frac{1}{2}$ 을 곱했기 때문에 $\frac{1}{3}$ 보다 커집니다.

정리해 볼까요?

$\frac{1}{3}$, $\frac{1}{3} \times \frac{1}{2}$, $\frac{1}{3} \times 1\frac{1}{2}$ 의 크기를 비교하여 설명하기

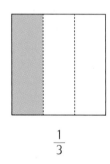

$\frac{1}{3}$

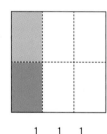

$\frac{1}{3} \times \frac{1}{2} = \frac{1}{6}$

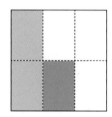

$(\frac{1}{3} \times 1) + (\frac{1}{3} \times \frac{1}{2}) = \frac{1}{2}$

$\frac{1}{3} \times \frac{1}{2}$ 은 $\frac{1}{3}$ 에 1보다 작은 수인 $\frac{1}{2}$ 을 곱했기 때문에, 그 곱은 $\frac{1}{3}$ 보다 작아지고

$\frac{1}{3} \times 1\frac{1}{2}$ 은 $\frac{1}{3}$ 에 1보다 큰 수인 $1\frac{1}{2}$ 을 곱했기 때문에, 그 곱은 $\frac{1}{3}$ 보다 커집니다.

첫걸음 가볍게!

다음 세 분수의 크기를 비교하고 그 결과를 설명하시오.

$$2 \qquad 2\times\frac{1}{4} \qquad 2\times2\frac{1}{4}$$

1 2와 $2\times\frac{1}{4}$ 의 크기를 비교하고 설명해 봅시다.

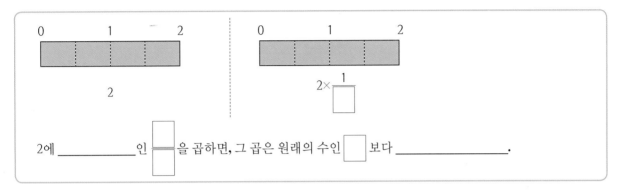

2에 _____인 [ ] 을 곱하면, 그 곱은 원래의 수인 [ ] 보다 _____.

2 2와 $2\times2\frac{1}{4}$ 의 크기를 비교하고 설명해 봅시다.

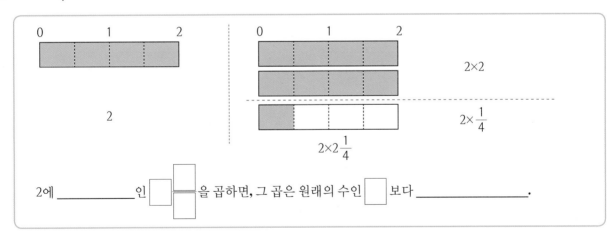

2에 _____인 [ ] 을 곱하면, 그 곱은 원래의 수인 [ ] 보다 _____.

3 2와 $2\times\frac{1}{4}$, $2\times2\frac{1}{4}$ 의 크기를 비교하고 설명해 봅시다.

$2\times\frac{1}{4}$ 은 2에 [ ] 보다 _____인 [ ] 을 곱했기 때문에, 그 곱은 2보다 _____.

$2\times2\frac{1}{4}$ 은 2에 [ ] 보다 _____인 [ ] 을 곱했기 때문에, 그 곱은 2보다 _____.

한 걸음 두 걸음!

✏️ 다음 세 분수의 크기를 비교하고 그 결과를 설명하시오.

$$\frac{2}{5} \qquad \frac{2}{5} \times \frac{1}{3} \qquad \frac{2}{5} \times 1\frac{1}{3}$$

1 $\frac{2}{5}$ 와 $\frac{2}{5} \times \frac{1}{3}$ 의 크기를 비교하고 설명해 봅시다.

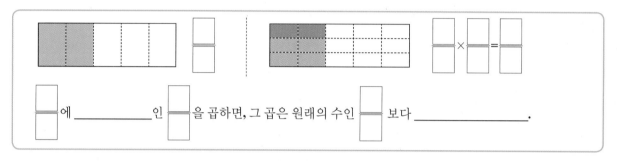

□/□ 에 _____ 인 □/□ 을 곱하면, 그 곱은 원래의 수인 □/□ 보다 _____.

2 $\frac{2}{5}$ 와 $\frac{2}{5} \times 1\frac{1}{3}$ 의 크기를 비교하고 설명해 봅시다.

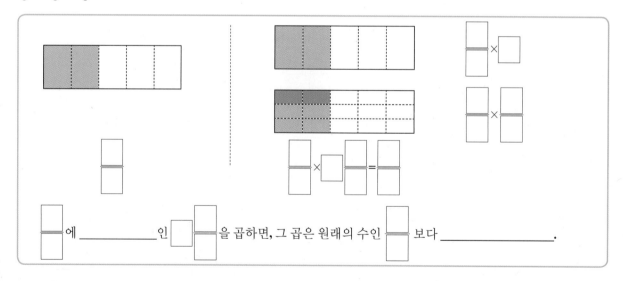

□/□ 에 _____ 인 □/□ 을 곱하면, 그 곱은 원래의 수인 □/□ 보다 _____.

3 $\frac{2}{5}$ 와 $\frac{2}{5} \times \frac{1}{3}$, $\frac{2}{5} \times 1\frac{1}{3}$ 의 크기를 비교하고 그 이유를 설명해 봅시다.

$\frac{2}{5} \times \frac{1}{3}$ 은 $\frac{2}{5}$ 에 □ 보다 _____ 인 □/□ 을 곱했기 때문에, 그 곱은 _____.

$\frac{2}{5} \times \frac{1}{3}$ 은 $\frac{2}{5}$ 에 □ 보다 _____ 인 □/□ 을 곱했기 때문에, 그 곱은 _____.

도전! 서술형!

✏️ 다음 세 분수의 크기를 비교하고 그 결과를 설명하시오.

$$4 \qquad 4 \times \frac{2}{3} \qquad 4 \times 5\frac{2}{3}$$

1 4와 $4 \times \frac{2}{3}$ 의 크기를 비교하고 설명해 봅시다.

2 4와 $4 \times 5\frac{2}{3}$ 의 크기를 비교하고 설명해 봅시다.

3 4, $4 \times \frac{2}{3}$, $4 \times 5\frac{2}{3}$ 의 크기를 비교하고 그 이유를 설명해 봅시다.

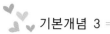

실전! 서술형!

✏️ 다음 세 분수의 크기를 비교하고 그 결과를 설명하시오.

$$\frac{2}{5} \qquad \frac{2}{5} \times \frac{3}{4} \qquad \frac{2}{5} \times 2\frac{3}{4}$$

Jumping Up! 창의성!

✏ 이야기를 읽고 팔고 남은 떡의 개수를 구해 봅시다.

옛날 오누이와 어머니가 외딴 곳에서 가난하게 살고 있었습니다. 추운 겨울 먹을 것이 떨어지자 어머니께서는 떡을 만들어서 시장에 팔기로 하였습니다. 밤새 오누이의 어머니는 70개의 떡을 만들었습니다. 아침이 되어 어머니께서는 시장에서 떡을 파셨습니다.

오전에 양지마을 할아버지께 떡 전체의 $\frac{1}{5}$ 을 팔았습니다. 오후에는 반달마을 이씨 할머니께 남은 떡의 $\frac{5}{7}$ 을 팔았습니다.

팔고 남은 떡은 집으로 가져와 오누이와 함께 나누어 먹었습니다.

---

1 그림으로 알아봅시다.

(1) 떡의 개수만큼 70칸을 나눕니다.

(2) 양지마을 할아버지에게 판 떡 $\frac{1}{5}$ 만큼 빗금을 그어봅시다.

(3) 남은 부분의 $\frac{5}{7}$ 만큼 빗금을 그어봅시다.

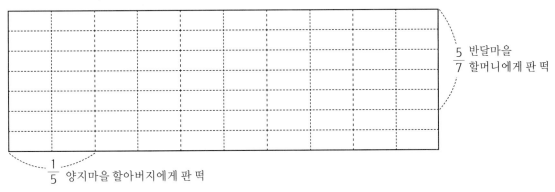

$\frac{5}{7}$ 반달마을 할머니에게 판 떡

$\frac{1}{5}$ 양지마을 할아버지에게 판 떡

(4) 남은 떡의 개수는 ☐ 칸이 남으므로 ☐ 개입니다.

2 식으로 알아봅시다.

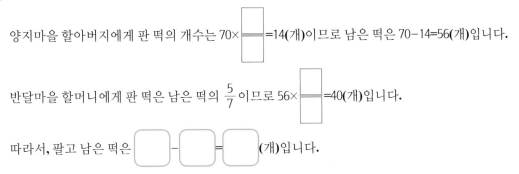

양지마을 할아버지에게 판 떡의 개수는 $70 \times \dfrac{}{} = 14$(개)이므로 남은 떡은 70−14=56(개)입니다.

반달마을 할머니에게 판 떡은 남은 떡의 $\frac{5}{7}$ 이므로 $56 \times \dfrac{}{} = 40$(개)입니다.

따라서, 팔고 남은 떡은 ☐ − ☐ = ☐ (개)입니다.

1 수현이는 오늘 물 한 컵의 $\frac{2}{3}$ 를 5번 마셨습니다. 지훈이가 오늘 마신 물의 양은 얼마인지 그림으로 구하고 설명하시오.

2 혜진이는 자전거로 한 시간에 4㎞를 갈 수 있습니다. 혜진이가 같은 빠르기로 1시간 15분 동안 자전거를 타고 갈 수 있는 거리는 몇 ㎞인지 여러 가지 방법으로 구하고 설명하시오.

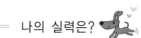

3 다음 세 수의 크기를 비교하고 그 결과를 설명하시오.

$$2 \qquad 2 \times \frac{3}{4} \qquad 2 \times 1\frac{3}{4}$$

5-1

정답 및 해설

1. 약수와 배수

7쪽
첫걸음 가볍게!

1 1, 2, 3, 4, 6, 8, 12, 16, 24, 48

2 1 + 2 + 4 + 8 + 16 = 31, 1 + 2 + 3 + 4 + 6 + 12 = 28, 16, 16

8쪽
한 걸음 두 걸음!

1 3의 배수, 3의 배수, 3, 6, 9, 12, 15, 18, 21 …

2

3의 배수	약수	약수들의 합
12	1, 2, 3, 4, 6, 12	1 + 2 + 3 + 4 + 6 + 12 = 28
15	1, 3, 5, 15	1 + 3 + 5 + 15 = 24
18	1, 2, 3 ,6, 9, 18	1 + 2 + 3 + 6 + 9 + 18 = 39

약수들의 합이 24인 수는 15, 15

9쪽
도전! 서술형!

1 어떤 수는 56의 약수이므로 56의 약수를 구하면 1, 2, 4, 7, 8, 14, 28, 56입니다.

2 56의 약수 중에서 24보다 작은

56의 약수	약수	약수들의 합
14	1, 2, 7, 14	1 + 2 + 7 + 14 = 24
8	1, 2, 4, 8	1 + 2+ 4 + 8 = 15
7	1, 7	1+7=8

3 약수들의 합이 24인 수는 14이므로, 14

10쪽

실전! 서술형!

5의 배수는 5, 10, 15, 20, 25, 30, 35, 40, 45···입니다.

5의 배수 중에서 48보다 작은 약수들의 합을 표를 이용해서 구합니다.

5의 배수	약수	약수들의 합
45	1, 3, 5, 9, 15, 45	48보다 크기 때문에 어떤 수가 아님
40	1, 2, 4, 5, 8, 10, 20, 40	48보다 크기 때문에 어떤 수가 아님
35	1, 5, 7, 35	$1 + 5 + 7 + 35 = 48$

5의 배수 중에서 약수의 합이 48인 수는 35이므로 어떤 수는 35입니다.

12쪽

첫걸음 가볍게!

1 8, 4, 2, 2

2 1, 1, 2, 2, 4, 4, 8, 8

3 1, 2, 4, 8, 1, 2, 4, 8

13쪽

한 걸음 두 걸음!

1 $24 = 1 \times 2 \times 2 \times 2 \times 3$

2 24 / 2, 24의 약수, 24, 2의 배수 / 3, 24의 약수, 24는 3의 배수 / 4, 24의 약수, 24, 4의 배수 / 6, 24의 약수, 24, 6의 배수 / 8, 24의 약수, 24, 8의 배수 / 12, 24의 약수, 24, 12의 배수 / 24, 24의 약수, 24, 24의 배수

3 $1 \times 2 \times 2 \times 2 \times 3$ / 약수는 1, 2, 3, 4, 6, 8, 12, 24 / 1, 2, 3, 4, 6, 8, 12, 24의 배수

14쪽

도전! 서술형!

1 $15 = 1 \times 3 \times 5$

2 $15 = 1 \times 3 \times 5$

1은 15의 약수이고 15는 1의 배수입니다.

$15 = 1 \times 3 \times 5$

3은 15의 약수이고 15는 3의 배수입니다.

$15 = 1 \times 3 \times 5$

5는 15의 약수이고 15는 5의 배수입니다.

$15 = 1 \times 3 \times 5$

15는 15의 약수이고 15는 15의 배수입니다.

3   15를 가장 작은 수들의 곱으로 나타내면 $1 \times 3 \times 5$ 이므로 15의 약수는 1, 3, 5, 15이고 15는 1, 3, 5, 15의 배수입니다.

15쪽   **실전! 서술형!**

28을 가장 작은 수들의 곱으로 나타내면 $28 = 1 \times 2 \times 2 \times 7$입니다.

$28 = 1 \times 2 \times 2 \times 7$이므로

1은 28의 약수이고 28은 1의 배수입니다.

2는 28의 약수이고 28은 2의 배수입니다.

4는 28의 약수이고 28은 4의 배수입니다.

7은 28의 약수이고 28은 7의 배수입니다.

14는 28의 약수이고 28은 14의 배수입니다.

28은 28의 약수이고 28은 28의 배수입니다.

따라서 28의 약수는 1, 2, 4, 7, 14, 28이고 28은 1, 2, 4, 7, 14, 28의 배수입니다.

18쪽   **첫걸음 가볍게!**

1   3, 5, / 2, 3, 6, 9, / 3 / 3, 3, 최대공약수

2   15, 3×5 / 18, 2×9, 2×3×3 / 3 / 최대공약수, 3

3   3, 3, 3, 공약수, 가장 큰 수, 최대공약수

19쪽   **한 걸음 두 걸음!**

1   1, 2, 3, 6, 9, 18 / 1, 2, 3, 4, 6, 9, 12, 18, 36 / 1, 2, 3, 6, 9, 18 / 18, 18, 최대공약수

2   18, 2×9, 2×3×3 / 36, 2×18, 2×2×9, 2×2×3×3 / 2×3×3=18 / 최대공약수, 18

3

2	18	36
3	9	18
3	3	6
	1	2

2, 3, 3으로 나누어떨어지고

2×3×3=18, 공약수 중 가장 큰 수, 최대공약수

> 가장 작은 수가 아닌 다른 수로 나누기 시작해도 됩니다.
> 예를 들어
>
> | 6 | 18 | 36 |
> |---|----|----|
> | 3 | 3 | 6 |
> | | 1 | 2 |

20쪽   **도전! 서술형!**

1 1, 2, 4, 7, 14, 28 / 1, 2, 3, 6, 7, 14, 21, 42 / 공약수는 1, 2, 7, 14 / 공약수 중 가장 큰 수는 14이므로 14는 28과 42의 최대공약수

2

28 = 1×28   42 = 1×42

   = 1×2×14   = 1×2×21

   = 1×2×2×7   = 1×2×3×7

2×7=14, 공약수 중 가장 큰 수, 최대공약수는 14

3

2	28	42
7	14	21
	2	3

28과 42는 2와 7으로 나누어떨어지므로 2와 7은 28과 42의 공약수이고, 2×7=14는 28와 42의 공약수 중 가장 큰 수이므로 최대공약수입니다.

21쪽   **실전! 서술형!**

1 약수를 이용하여 구하기

30의 약수는 1, 2, 3, 5, 6, 10, 15, 30이고 45의 약수는 1, 3, 5, 9, 15, 45입니다.

30과 45의 공약수는 1, 3, 5, 15입니다.

30과 45의 공약수 중 가장 큰 수는 15이므로 15는 30과 45의 최대공약수입니다.

2 가장 작은 수들의 곱으로 구하기

30 = 1×30   45 = 1×45

   = 1×2×15   = 1×3×15

   = 1×2×3×5   = 1×3×3×5

30과 45를 가장 작은 수들의 곱으로 나타내면,

공통된 부분은 3×5=15로 공약수 중 가장 큰 수이므로 최대공약수는 15입니다.

3 공약수로 나누어 구하기

30과 45는 3과 5로 나누어떨어지므로 3과 5는 30과 45의 공약수이고, 3×5=15는 30과 45의 공약수 중 가장 큰 수이므로 최대공약수입니다.

23쪽 **첫걸음 가볍게!**

1 15, 15 / 15, 30, 45, 60, 75(15), 90(30)

2 18, 18 / 18, 36, 54, 72(12), 90(30)

3 15, 18, 공배수 / 15, 18, 최소공배수

```
  3 ) 15  18
       5   6
```

3×5×6=90, 90 / 10시 30분

시간은 60분이 1시간이 되므로 10진법이 아니라 60진법으로 생각해야 합니다. 예를 들어
75분=60분+15분
　　＝1시간+15분이므로
75분은 1시간 15분과 같습니다.

24쪽 **한 걸음 두 걸음!**

1 16분 간격으로, 16의 배수 / 1시, 1시 16분, 1시 32분, 1시 48분, 2시 4분(1시 64분), 2시 20분(1시 80분), 2시 36분(1시 96분), 2시 52분(1시 112분)

2 28분 간격, 28의 배수 / 1시, 1시 28분, 1시 56분, 2시 24분(1시 84분), 2시 52분(1시 112분)

3 16분, 28분 / 16, 28, 공배수 / 16, 28, 최소공배수

```
  2 ) 16  28
  2 )  8  14
        4   7
```

16과 28의 최소공배수는 2×2×4×7=112이고 112분은 1시간 52분이므로 다음에 두 버스가 동시에 도착하는 시각은 2시 52분이 됩니다.

25쪽 **도전! 서술형!**

1 6분 간격으로 오므로 6의 배수만큼 지난 시각에 버스정류장에 도착합니다. 10시, 10시 6분, 10시 12분, 10시 18분, 10시 24분

2 9분 간격으로 오므로 9의 배수만큼 지난 시각에 버스정류장에 도착합니다. 10시, 10시 9분, 10시 18분, 10시 27분, 10시 36분

3 6분 간격으로, 9분 간격으로 / 6과 9, 공배수 / 6과 9의 최소공배수만큼 지난 시각

$$3 \overline{)\ 6 \quad 9}$$
$$\ 2 \quad 3$$

6과 9의 최소공배수는 3×2×3=18이므로 다음에 두 버스가 동시에 도착하는 시각은 10시 18분입니다.

26쪽

실전! 서술형!

450번 버스는 18분 간격으로 오므로 18의 배수만큼 지난 시각에 버스정류장에 도착합니다.

87번 버스는 12분 간격으로 오므로 12의 배수만큼 지난 시각에 버스정류장에 도착합니다.

두 버스가 동시에 정류장에 도착하는 시각은 18과 12의 공배수만큼 지난 시각이고 다음으로 동시에 도착하는 시각은 18과 12의 최소공배수

만큼 지난 시각입니다.

$$2 \overline{)\ 18 \quad 12}$$
$$3 \overline{)\ \ 9 \quad \ 6}$$
$$\ \ 3 \quad \ 2$$

18과 12의 최소공배수는 2×3×3×2=36이므로 다음에 두 버스가 동시에 도착하는 시각은 3시 36분입니다.

나의 실력은?

27쪽

1 18의 약수는 1, 2, 3, 6, 9, 18입니다.

18의 약수들의 합을 구하면 아래와 같습니다.

18의 약수	약수	약수들의 합
18	1, 2, 3, 6, 9, 18	13보다 크기 때문에 어떤 수가 아님
9	1, 3, 9	1 + 3 + 9 = 13
6	1, 2, 3, 6	1 + 2 + 3 + 6 = 12

18의 약수 중에서 약수의 합이 13인 수는 9이므로 어떤 수는 9입니다.

2 14 = 1×2×7

1은 14의 약수이고 14는 1의 배수입니다.

2는 14의 약수이고 14는 2의 배수입니다.

7은 14의 약수이고 14는 7의 배수입니다.

14는 14의 약수이고 14는 14의 배수입니다.

따라서 1, 2, 7, 14는 14의 약수이고, 14는 1, 2, 7, 14의 배수이다.

3 36과 27을 가장 작은 수들의 곱으로 나타내면,

36 = 1×2×2×3×3

27 = 1×3×3×3입니다.

공통된 부분은 3×3=9이고 공약수 중 가장 큰 수이므로 최대공약수는 9입니다.

4 100번 버스는 9분 간격으로 오므로 9의 배수만큼 지난 시각에 버스정류장에 도착합니다.

200번 버스는 15분 간격으로 오므로 15의 배수만큼 지난 시각에 버스정류장에 도착합니다.

두 버스가 동시에 정류장에 도착하는 시각은 9와 15의 공배수만큼 지난 시각이고, 다음으로 동시에 도착하는 시각은 9와 15의 최소공배수만큼 지난 시각입니다.

$$3\,)\underline{9\qquad 15}$$
$$3\qquad 5$$

9와 15의 최소공배수는 3×3×5=45이므로 다음에 두 버스가 동시에 도착하는 시각은 5시 45분입니다.

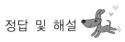

2. 직육면체

30쪽 **개념 쏙쏙!**

1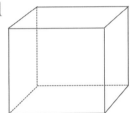

2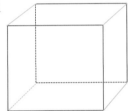

3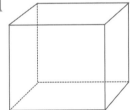

정리해 볼까요? 4, 48

32쪽 **첫걸음 가볍게!**

1 정사각형

2 12

3 12, 3×12, 36

한 걸음 두 걸음!

1

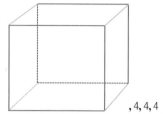

, 4, 4, 4

2 (4+2+★)×4=36, 3

도전! 서술형!

1 길이가 8cm인 모서리, 4, 길이가 ★cm인 모서리, 4, 길이가 5cm인 모서리, 4

2 직육면체에서 길이가 같은 모서리는 4개씩 있으므로, (8+★+5)×4=64입니다. 따라서 8+★+5=16이고, ★=3cm입니다.

실전! 서술형!

직육면체에서 길이가 같은 모서리는 4개씩 있으므로, (★+6+9)×4=108입니다. 따라서 ★+6+9=27이고, ★=12cm입니다.

개념 쏙쏙!

1

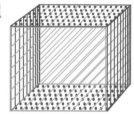

2 3

3 ㉓

4 면 ㉓, 면 ㉓

정리해 볼까요? 면 ㉓, 면 ㉓

첫걸음 가볍게!

38쪽

1 만나지 않고 마주보고 있는 면, 3

2 만나지 않고 마주보고 있는 면, 면 ㅁ

3 만나지 않고 마주보고 있습니다, 만나지 않고 마주보고 있는 면, 면 ㅁ, 면 ㅁ

한 걸음 두 걸음!

39쪽

1 면 ㉢과 만나지 않고 마주보는 면, 면 ㉱

2 면 ㉢과 만나지 않고 마주보고 있습니다, 면 ㉢과 만나지 않고 마주보고 있는 면, 면 ㉱, 면 ㉱

도전! 서술형!

40쪽

1 면 ㉠과 만나지 않고 마주보는 면, ㉢

2 정육면체에서 면 ㉠과 평행한 면은 면 ㉠과 만나지 않고 마주보고 있습니다. 전개도를 접어 정육면체를 만들었을 때, 면 ㉠과 만나지 않고 마주보고 있는 면은 면 ㉢ 이므로, 면 ㉠과 평행한 면은 면 ㉢입니다.

실전! 서술형!

41쪽

정육면체에서 면 ㉣과 평행한 면은 면 ㉣과 만나지 않고 마주보고 있습니다. 전개도를 접어 정육면체를 만들었을 때, 면 ㉣과 만나지 않고 마주보고 있는 면은 면 ㉲이므로, 면 ㉠과 평행한 면은 면 ㉲입니다.

개념 쏙쏙!

42쪽

1

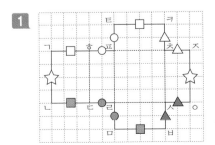

43쪽

첫걸음 가볍게!

1

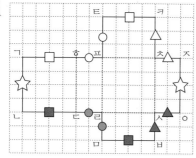

2 ㅌㅍ, ㅋㅊ

3 ㅌㅍ, ㅎㅍ, ㅋㅊ, ㅈㅊ, ㅌㅍ, ㅋㅊ

44쪽

한 걸음 두 걸음!

1

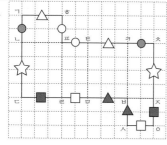

2 길이가 서로 같습니다, 선분 ㅂㅅ과 선분 ㅂㅁ, 선분 ㅈㅇ과 선분 ㄷㄹ, 선분 ㅂㅅ 과 선분 ㅈㅇ의 길이

45쪽 **도전! 서술형!**

1 길이가 서로 같습니다, 선분 ㅌㅋ과 선분 ㅎㄱ, 선분 ㅁㅂ과 선분 ㅅㅂ, 선분 ㅌㅋ과 선분 ㅁㅂ의 길이

2

46쪽 **실전! 서술형!**

전개도를 접었을 때 만나는 선분은 길이가 서로 같습니다.

전개도에서 만나는 선분 중 선분 ㄷㄴ과 선분 ㄱㄴ, 선분 ㄹㅁ과 선분ㅊㅈ 의 길이가 같지 않아 직육면체를 만들 수 없으므로 선분 ㄷㄴ과

선분 ㄹㅁ의 길이가 바르지 않습니다.

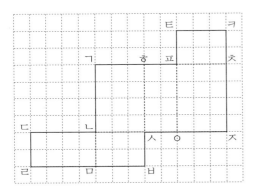

Jumping Up! 창의성!

정육면체 전개도는 <보기>에서 제시한 1가지를 제외하고 아래의 10가지 모양이 있습니다.

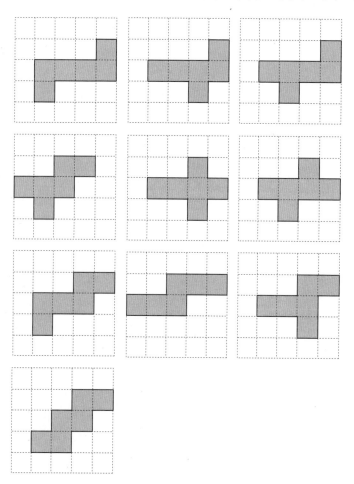

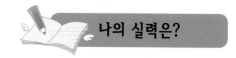 **나의 실력은?**

1 직육면체에서 길이가 같은 모서리는 4개씩 있으므로, (7+4+★)×4=64입니다. 따라서 7+4+★=16이고, ★=5㎝입니다.

2 전개도를 접었을 때 만나는 선분은 길이가 서로 같습니다.

전개도에서 만나는 선분 중 선분 ㄷㄹ과 선분 ㄹㅁ, 선분 ㅅㅂ과 선분 ㅅㅇ의 길이가 같지 않아 직육면체를 만들 수 없으므로

선분 ㄹㅁ과 선분 ㅅㅂ의 길이가 바르지 않습니다.

3. 약분과 통분

개념 쏙쏙!

1 $\dfrac{2}{3}, \dfrac{4}{6}, \dfrac{6}{9}$

정리해 볼까요? $\dfrac{4}{6}, \dfrac{6}{9}, \dfrac{8}{12}, \dfrac{10}{15}, \dfrac{4}{6}, \dfrac{6}{9}, 2$

첫걸음 가볍게!

1 $\dfrac{3}{4}, \dfrac{6}{8}, \dfrac{9}{12}$

2 0이 아닌 같은 수를 곱하여도, 2, 2, $\dfrac{6}{8}$, 3, 3, $\dfrac{9}{12}$, 4, 4, $\dfrac{12}{16}$

3 $\dfrac{6}{8}, \dfrac{9}{12}, \dfrac{12}{16}, \dfrac{6}{8}, \dfrac{9}{12}, 2$

한 걸음 두 걸음!

1 0이 아닌 같은 수를 곱하여도 그 크기는 같습니다

$$\dfrac{3\times2}{5\times2}=\dfrac{6}{10}, \dfrac{3\times3}{5\times3}=\dfrac{9}{15}, \dfrac{3\times4}{5\times4}=\dfrac{12}{20}, \dfrac{3\times5}{5\times5}=\dfrac{15}{25}, \dfrac{3\times6}{5\times6}=\dfrac{18}{30}, \dfrac{3\times7}{5\times7}=\dfrac{21}{35}$$

2 $\dfrac{6}{10}, \dfrac{9}{15}, \dfrac{12}{20}, \dfrac{15}{25}, \dfrac{18}{30}, \dfrac{21}{35}, 4$

도전! 서술형!

1 0이 아닌 같은 수를 곱하여도 그 크기는 같습니다,

$$\dfrac{5\times2}{8\times2}=\dfrac{10}{16}, \dfrac{5\times3}{8\times3}=\dfrac{15}{24}, \dfrac{5\times4}{8\times4}=\dfrac{20}{32}, \dfrac{5\times5}{8\times5}=\dfrac{25}{40}, \dfrac{5\times6}{8\times6}=\dfrac{30}{48}, \dfrac{5\times7}{8\times7}=\dfrac{35}{56}$$

2 $\dfrac{5}{8}$ 와 크기가 같은 분수는 $\dfrac{10}{16}, \dfrac{15}{24}, \dfrac{20}{32}, \dfrac{25}{40}, \dfrac{30}{48}, \dfrac{35}{56}$ …입니다. 이 중 분모가 20보다 크고 50보다 작은 분수는 $\dfrac{15}{24}, \dfrac{20}{32}, \dfrac{25}{40}, \dfrac{30}{48}$ 이므로 4개입니다.

54쪽 **실전! 서술형!**

분모와 분자에 0이 아닌 같은 수를 곱하여도 그 크기는 같습니다.

$\frac{4}{9}$ 와 크기가 같은 분수는 $\frac{4\times2}{9\times2}=\frac{8}{18}$, $\frac{4\times3}{9\times3}=\frac{12}{27}$, $\frac{4\times4}{9\times4}=\frac{16}{36}$, $\frac{4\times5}{9\times5}=\frac{20}{45}$, $\frac{4\times6}{9\times6}=\frac{24}{54}$, $\frac{4\times7}{9\times7}=\frac{28}{63}$, $\frac{4\times8}{9\times8}=\frac{32}{72}$, $\frac{4\times9}{9\times9}=\frac{36}{81}$, $\frac{4\times10}{9\times10}=\frac{40}{90}$, $\frac{4\times11}{9\times11}=\frac{44}{99}$,

$\frac{4\times12}{9\times12}=\frac{48}{108}$ …입니다. 이 중 분모가 30보다 크고 100보다 작은 분수는 $\frac{16}{36}$, $\frac{20}{45}$, $\frac{24}{54}$, $\frac{28}{63}$, $\frac{32}{72}$, $\frac{36}{81}$, $\frac{40}{90}$, $\frac{44}{99}$ 이므로, 8개입니다.

55쪽 **개념 쏙쏙!**

1 $\frac{1}{4}$, $\frac{2}{4}$, $\frac{3}{4}$

2 $\frac{1}{4}$, $\frac{2}{4}$, $\frac{3}{4}$, $\frac{2}{4}$, $\frac{1}{4}$, $\frac{3}{4}$

3 $\frac{1}{4}$, $\frac{3}{4}$, 1, 3

정리해 볼까요? $\frac{1}{4}$, $\frac{2}{4}$, $\frac{3}{4}$, $\frac{1}{4}$, $\frac{3}{4}$, 1, 3

56쪽 **첫걸음 가볍게!**

1 $\frac{1}{9}$, $\frac{2}{9}$, $\frac{3}{9}$, $\frac{4}{9}$, $\frac{5}{9}$, $\frac{6}{9}$, $\frac{7}{9}$, $\frac{8}{9}$

2 분모와 분자의 공약수가 1뿐인 기약분수, $\frac{1}{9}$, $\frac{2}{9}$, $\frac{4}{9}$, $\frac{5}{9}$, $\frac{7}{9}$, $\frac{8}{9}$

3 $\frac{1}{9}$, $\frac{2}{9}$, $\frac{4}{9}$, $\frac{5}{9}$, $\frac{7}{9}$, $\frac{8}{9}$, 1, 2, 4, 5, 7, 8

57쪽 **한 걸음 두 걸음!**

1 $\frac{1}{8}$, $\frac{2}{8}$, $\frac{3}{8}$, $\frac{4}{8}$, $\frac{5}{8}$, $\frac{6}{8}$, $\frac{7}{8}$

2 분모와 분자의 공약수가 1뿐인 기약분수, $\frac{1}{8}$, $\frac{3}{8}$, $\frac{5}{8}$, $\frac{7}{8}$

3 $\frac{1}{8}$, $\frac{3}{8}$, $\frac{5}{8}$, $\frac{7}{8}$, 1, 3, 5, 7, 16

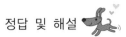

58쪽

1 $\dfrac{1}{15}, \dfrac{2}{15}, \dfrac{3}{15}, \dfrac{4}{15}, \dfrac{5}{15}, \dfrac{6}{15}, \dfrac{7}{15}, \dfrac{8}{15}, \dfrac{9}{15}, \dfrac{10}{15}, \dfrac{11}{15}, \dfrac{12}{15}, \dfrac{13}{15}, \dfrac{14}{15}$

$\dfrac{1}{15}, \dfrac{2}{15}, \dfrac{4}{15}, \dfrac{7}{15}, \dfrac{8}{15}, \dfrac{11}{15}, \dfrac{13}{15}, \dfrac{14}{15}$

2 분모가 15인 진분수 중 기약분수는 $\dfrac{1}{15}, \dfrac{2}{15}, \dfrac{4}{15}, \dfrac{7}{15}, \dfrac{8}{15}, \dfrac{11}{15}, \dfrac{13}{15}, \dfrac{14}{15}$ 이므로, ★에 들어갈 수는 1, 2, 4, 7, 8, 11, 13, 14 입니다.

따라서 ★에 들어갈 수의 합은 60입니다.

59쪽

분모가 20인 진분수는 $\dfrac{1}{20}, \dfrac{2}{20}, \dfrac{3}{20}, \dfrac{4}{20}, \dfrac{5}{20}, \dfrac{6}{20}, \dfrac{7}{20}, \dfrac{8}{20}, \dfrac{9}{20}, \dfrac{10}{20}, \dfrac{11}{20}, \dfrac{12}{20}, \dfrac{13}{20}, \dfrac{14}{20}, \dfrac{15}{20}, \dfrac{16}{20}, \dfrac{17}{20}, \dfrac{18}{20}, \dfrac{19}{20}$ 입니다. 이 중 기약분수는 $\dfrac{1}{20}, \dfrac{3}{20},$

$\dfrac{7}{20}, \dfrac{9}{20}, \dfrac{11}{20}, \dfrac{13}{20}, \dfrac{17}{20}, \dfrac{19}{20}$ 이므로, ★에 들어갈 수는 1, 3, 7, 9, 11, 13, 17, 19 입니다. 따라서 ★에 들어갈 수의 합은 80입니다.

60쪽

1 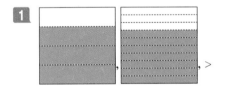 , >

2 >

3 >

정리해 볼까요? 통분, 20, >

61쪽 첫걸음 가볍게!

1 , <

2 $15, 5, 5, \frac{10}{15}, 3, 3, \frac{12}{15} <$

3 <, 빨간

62쪽 한 걸음 두 걸음!

1 $\frac{9}{12}, \frac{8}{12}, >, \frac{10}{15}, \frac{9}{15}, >, \frac{15}{20}, \frac{12}{20}, >$

2 $\frac{3}{4}$ ⟩ $\frac{2}{3}$, $\frac{2}{3}$ ⟩ $\frac{3}{5}$, $\frac{3}{4}$ ⟩ $\frac{3}{5}$, $\frac{3}{4} > \frac{2}{3} > \frac{3}{5}$, $\frac{3}{4}, \frac{2}{3}, \frac{3}{5}$

63쪽 도전! 서술형!

1 $\frac{7}{10}, \frac{2}{3}, \frac{21}{30}, \frac{20}{30}, \frac{7}{10}, >, \frac{2}{3}$

$\frac{2}{3}, \frac{5}{6}, \frac{4}{6}, \frac{5}{6}, \frac{2}{3}, <, \frac{5}{6}$

$\frac{7}{10}, \frac{5}{6}, \frac{21}{30}, \frac{25}{30}, \frac{7}{10}, <, \frac{5}{6}$

최소공배수가 아닌 공배수를 이용해도 되지 않을까?

하지만, 최소공배수를 이용하는 것이 간편해.

2 두 분수끼리 통분하여 크기를 비교하면 $\frac{7}{10}$ ⟩ $\frac{2}{3}$, $\frac{2}{3}$ ⟩ $\frac{5}{6}$, $\frac{7}{10}$ ⟨ $\frac{5}{6}$ 이므로 $\frac{5}{6} > \frac{7}{10} > \frac{2}{3}$ 입니다. 따라서, 가장 많은 양의 용액을 넣은 사람은 현수입니다.

64쪽 실전! 서술형!

가장 가까운 길을 찾기 위해서는 집에서 학교로 가는 길의 거리를 두 분수끼리 통분하여 크기를 비교합니다.

$(\frac{7}{12}, \frac{5}{8}) \Rightarrow (\frac{14}{24}, \frac{15}{24}) \Rightarrow \frac{7}{12}$ ⟨ $\frac{5}{8}$

$(\frac{5}{8}, \frac{3}{4}) \Rightarrow (\frac{5}{8}, \frac{6}{8}) \Rightarrow \frac{5}{8}$ ⟨ $\frac{3}{4}$

$(\frac{3}{4}, \frac{7}{12}) \Rightarrow (\frac{9}{12}, \frac{7}{12}) \Rightarrow \frac{3}{4}$ ⟩ $\frac{7}{12}$ 이므로, $\frac{3}{4} > \frac{5}{8} > \frac{7}{12}$ 입니다.

따라서, 가장 가까운 길은 **A**입니다.

Jumping Up! 창의성!

(1) $\dfrac{1}{12}+\dfrac{1}{12}+\dfrac{1}{12}+\dfrac{1}{12}+\dfrac{1}{12}$

(2) $\dfrac{1}{12}+\dfrac{1}{12}+\dfrac{1}{12}+\dfrac{2}{12}=\dfrac{1}{12}+\dfrac{1}{12}+\dfrac{1}{12}+\dfrac{1}{6}$

(3) $\dfrac{1}{12}+\dfrac{2}{12}+\dfrac{2}{12}=\dfrac{1}{12}+\dfrac{1}{6}+\dfrac{1}{6}$

(4) $\dfrac{1}{12}+\dfrac{1}{12}+\dfrac{3}{12}=\dfrac{1}{12}+\dfrac{1}{12}+\dfrac{1}{4}$

(5) $\dfrac{2}{12}+\dfrac{3}{12}=\dfrac{1}{6}+\dfrac{1}{4}$

(6) $\dfrac{1}{12}+\dfrac{4}{12}=\dfrac{1}{12}+\dfrac{1}{3}$

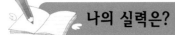

나의 실력은?

1 분모와 분자에 0이 아닌 같은 수를 곱하여도 그 크기는 같습니다.

$\dfrac{7}{15}$과 크기가 같은 분수는 $\dfrac{7\times2}{15\times2}=\dfrac{14}{30}$, $\dfrac{7\times3}{15\times3}=\dfrac{21}{45}$, $\dfrac{7\times4}{15\times4}=\dfrac{28}{60}$, $\dfrac{7\times5}{15\times5}=\dfrac{35}{75}$, $\dfrac{7\times6}{15\times6}=\dfrac{42}{90}$, $\dfrac{7\times7}{15\times7}=\dfrac{49}{105}$ …입니다. 이 중 분모가 100보다

작은 분수는 $\dfrac{14}{30}$, $\dfrac{21}{45}$, $\dfrac{28}{60}$, $\dfrac{35}{75}$, $\dfrac{42}{90}$이므로, 5개입니다.

2 분모가 18인 진분수는 $\dfrac{1}{18}$, $\dfrac{2}{18}$, $\dfrac{3}{18}$, $\dfrac{4}{18}$, $\dfrac{5}{18}$, $\dfrac{6}{18}$, $\dfrac{7}{18}$, $\dfrac{8}{18}$, $\dfrac{9}{18}$, $\dfrac{10}{18}$, $\dfrac{11}{18}$, $\dfrac{12}{18}$, $\dfrac{13}{18}$, $\dfrac{14}{18}$, $\dfrac{15}{18}$, $\dfrac{16}{18}$, $\dfrac{17}{18}$입니다. 이 중 기약분수는 $\dfrac{1}{18}$, $\dfrac{5}{18}$

$\dfrac{7}{18}$, $\dfrac{11}{18}$, $\dfrac{13}{18}$, $\dfrac{17}{18}$이므로, ★에 들어갈 수는 1, 5, 7, 11, 13, 17 입니다. 따라서 ★에 들어갈 수의 합은 54입니다.

3 가장 적은 양의 용액을 찾기 위해서는 용액의 양을 나타낸 두 분수끼리 통분하여 크기를 비교합니다.

$(\dfrac{3}{4}, \dfrac{4}{7})\Rightarrow(\dfrac{21}{28}, \dfrac{16}{28})\Rightarrow\dfrac{3}{4}\;\gt\;\dfrac{4}{7}$

$(\dfrac{4}{7}, \dfrac{5}{8})\Rightarrow(\dfrac{32}{56}, \dfrac{35}{56})\Rightarrow\dfrac{4}{7}\;\lt\;\dfrac{5}{8}$

$(\dfrac{5}{8}, \dfrac{3}{4})\Rightarrow(\dfrac{5}{8}, \dfrac{6}{8})\Rightarrow\dfrac{5}{8}\;\lt\;\dfrac{3}{4}$이므로, $\dfrac{3}{4}\gt\dfrac{5}{8}\gt\dfrac{4}{7}$ 입니다.

따라서, 가장 적은 양의 용액은 ㈏입니다.

4. 분수의 덧셈과 뺄셈

70쪽 **첫걸음 가볍게!**

1

$\dfrac{2}{3}$ 와 $\dfrac{1}{6}$ 은 전체를 등분한 한 부분의 크기가 <u>다르기</u> 때문에 그대로 더할 수 없습니다.

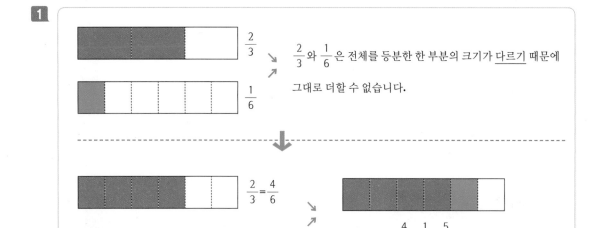

$$\dfrac{4}{6}+\dfrac{1}{6}=\dfrac{5}{6}$$

2 $\dfrac{2}{3}$, $\dfrac{1}{6}$, 한 부분의 크기가 같도록, 분모, 통분

71쪽 **한 걸음 두 걸음!**

1

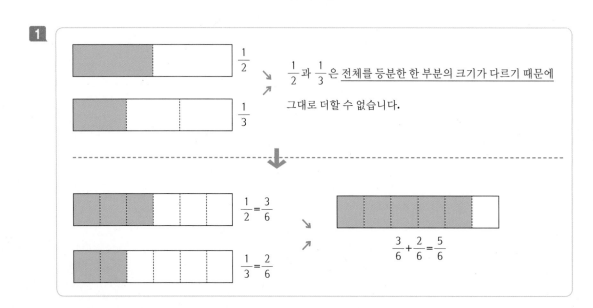

$\dfrac{1}{2}$ 과 $\dfrac{1}{3}$ 은 전체를 등분한 한 부분의 크기가 <u>다르기</u> 때문에 그대로 더할 수 없습니다.

$$\dfrac{3}{6}+\dfrac{2}{6}=\dfrac{5}{6}$$

2 $\frac{1}{2}$, $\frac{1}{3}$, 전체를 등분한 한 부분의 크기가 다르기, 한 부분의 크기가 같도록, 분모, 통분

72쪽 **도전! 서술형!**

1

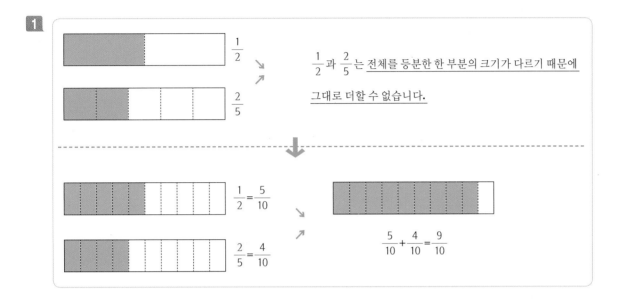

2 $\frac{1}{2}$ 과 $\frac{2}{5}$ 는 전체를 등분한 한 부분의 크기가 다르기 때문에, 한 부분의 크기가 같도록 두 분수의 분모를 통분하여 계산합니다.

73쪽 **실전! 서술형!**

1

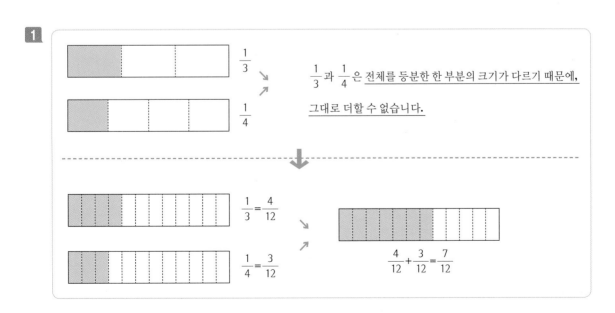

2 $\frac{1}{3}$과 $\frac{1}{4}$은 전체를 등분한 한 부분의 크기가 다르기 때문에 한 부분의 크기가 같도록 두 분수의 분모를 통분하여 계산합니다.

75쪽

첫걸음 가볍게!

1 $\frac{7}{10}+\frac{1}{4}$

2 곱을 이용하여 통분

$$\frac{7}{10}+\frac{1}{4}=\frac{7\times4}{10\times4}+\frac{1\times10}{4\times10}$$

$$=\frac{28}{40}+\frac{10}{40}$$

$$=\frac{\overset{19}{\cancel{38}}}{\underset{20}{\cancel{40}}}=\frac{19}{20}$$

최소공배수를 이용하여 통분

$$\frac{7}{10}+\frac{1}{4}=\frac{7\times2}{10\times2}+\frac{1\times5}{4\times5}$$

$$=\frac{14}{20}+\frac{5}{20}$$

$$=\frac{19}{20}$$

76쪽

한 걸음 두 걸음!

1 $\frac{3}{8}+\frac{5}{12}$

2 곱을 이용하여 통분한 후 계산합니다.

$$\frac{3}{8}+\frac{5}{12}=\frac{3\times12}{8\times12}+\frac{5\times8}{12\times8}$$

$$=\frac{36}{96}+\frac{40}{96}$$

$$=\frac{\overset{19}{\cancel{76}}}{\underset{24}{\cancel{96}}}=\frac{19}{24}$$

최소공배수를 이용하여 통분한 후 계산합니다.

$$\frac{3}{8}+\frac{5}{12}=\frac{3\times3}{8\times3}+\frac{5\times2}{12\times2}$$

$$= \frac{9}{24} + \frac{10}{24}$$

$$= \frac{19}{24}$$

$\frac{19}{24}$

77쪽 **도전! 서술형!**

1 $\frac{5}{6} + \frac{3}{8}$

2 두 분모의 곱을 이용하여 통분한 후 계산합니다.

$$\frac{5}{6} + \frac{3}{8} = \frac{5 \times 8}{6 \times 8} + \frac{3 \times 6}{8 \times 6}$$

$$= \frac{40}{48} + \frac{18}{48}$$

$$= \frac{\overset{29}{\cancel{58}}}{\underset{24}{\cancel{48}}} = 1\frac{5}{24}$$

두 분모의 최소공배수를 이용하여 통분한 후 계산합니다.

$$\frac{5}{6} + \frac{3}{8} = \frac{5 \times 4}{6 \times 4} + \frac{3 \times 3}{8 \times 3}$$

$$= \frac{20}{24} + \frac{9}{24}$$

$$= \frac{29}{24} = 1\frac{5}{24}$$

옥수수 식빵을 만드는 데 사용한 소금의 양은 모두 $1\frac{5}{24}$ 큰 술입니다.

78쪽 **실전! 서술형!**

밀가루와 설탕의 양은 $\frac{8}{9} + \frac{5}{6}$ 입니다.

<방법1> 두 분모의 곱을 이용하여 통분한 후 계산합니다.

$$\frac{8}{9} + \frac{5}{6} = \frac{8 \times 6}{9 \times 6} + \frac{5 \times 9}{6 \times 9}$$

$$= \frac{48}{54} + \frac{45}{54}$$

$$= \frac{\overset{31}{\cancel{93}}}{\underset{18}{\cancel{54}}} = 1\frac{13}{18}$$

<방법2> 두 분모의 최소공배수를 이용하여 통분한 후 계산합니다.

$$\frac{8}{9}+\frac{5}{6}=\frac{8\times2}{9\times2}+\frac{5\times3}{6\times3}$$

$$=\frac{16}{18}+\frac{15}{18}$$

$$=\frac{31}{18}=1\frac{13}{18}$$

밀가루와 설탕의 양은 모두 $1\frac{13}{18}$컵 필요합니다.

80쪽 **첫걸음 가볍게!**

1 $\frac{8}{10}$, 분모, 분자는 분모보다 작은 수 중에서

2 $\frac{2}{6}$, $\frac{8}{10}$, 2, 4, 6, 분모, 분자

3 $\frac{8}{10}-\frac{2}{6}=\frac{4}{5}-\frac{1}{3}=\frac{12}{15}-\frac{5}{15}=\frac{7}{15}$

81쪽 **한 걸음 두 걸음!**

1 $\frac{7}{8}$, 분모가 클수록, 분자는 분모보다 작은 수 중에서 클수록

2 $\frac{3}{6}$, $\frac{7}{8}$, 3, 4, 5, 6, 분모는 클수록, 분자는 작을수록

3 $\frac{7}{8}-\frac{3}{6}=\frac{21}{24}-\frac{12}{24}=\frac{\overset{3}{\cancel{9}}}{\underset{8}{\cancel{24}}}=\frac{3}{8}$

82쪽 **도전! 서술형!**

1 $\frac{8}{9}$, 왜냐하면 진분수는 분모가 클수록, 분자는 분모보다 작은 수 중에서 클수록 크기 때문입니다.

2 $\frac{4}{7}$, 왜냐하면 남은 숫자 4, 5, 6, 7 중에서 분모는 클수록, 분자는 작을수록 분수의 크기가 작아지기 때문에 분모는 7, 분자는 4입니다.

3 $\frac{8}{9}-\frac{4}{7}=\frac{56}{63}-\frac{36}{63}=\frac{20}{63}$

83쪽

가장 큰 진분수는 $\dfrac{9}{11}$ 입니다. 왜냐하면 진분수는 분모가 클수록, 분자는 분모보다 작은 수 중에서 클수록 크기 때문입니다.

남은 숫자 중에서 가장 작은 진분수는 $\dfrac{1}{7}$ 입니다. 왜냐하면 남은 숫자 중에서 분모는 클수록, 분자는 작을수록 분수의 크기가 작아지기

때문입니다.

두 분수의 차를 계산하면 $\dfrac{9}{11} - \dfrac{1}{7} = \dfrac{63}{77} - \dfrac{11}{77} = \dfrac{52}{77}$ 입니다.

84쪽

1 $\dfrac{1}{2} + \dfrac{1}{4} + \dfrac{1}{8} + \dfrac{1}{16} + \dfrac{1}{32} + \dfrac{1}{64}$

$= \dfrac{32}{64} + \dfrac{16}{64} + \dfrac{8}{64} + \dfrac{4}{64} + \dfrac{2}{64} + \dfrac{1}{64}$

$= \dfrac{63}{64}$

2 $\dfrac{63}{64}$, $\dfrac{1}{64}$

  나의 실력은?

85쪽

1 $\dfrac{2}{3}$ 과 $\dfrac{1}{4}$ 은 전체를 등분한 한 부분의 크기가 다릅니다.

$\dfrac{2}{3}$

$\dfrac{1}{4}$

따라서 한 부분의 크기가 같도록 $\dfrac{2}{3} = \dfrac{8}{12}$, $\dfrac{1}{4} = \dfrac{3}{12}$ 으로 분모를 통분하여 계산해야 합니다.

2 (방법1) 분모의 곱을 이용하여 통분한 후 계산합니다.

$\dfrac{5}{6} + \dfrac{3}{4} = \dfrac{5 \times 4}{6 \times 4} + \dfrac{3 \times 6}{4 \times 6}$

$= \dfrac{20}{24} + \dfrac{18}{24}$

$= \dfrac{\overset{19}{\cancel{38}}}{\underset{12}{\cancel{24}}} = 1\dfrac{7}{12}$

(방법2) 분모의 최소공배수를 이용하여 통분한 후 계산합니다.

$$\frac{5}{6}+\frac{3}{4}=\frac{5\times2}{6\times2}+\frac{3\times3}{4\times3}$$

$$=\frac{10}{12}+\frac{9}{12}$$

$$=\frac{19}{12}=1\frac{7}{12}$$

쿠키를 만드는 데 사용한 밀가루의 양은 모두 $1\frac{7}{12}$ 컵입니다.

2 가장 큰 진분수는 $\frac{5}{6}$ 입니다. 왜냐하면 진분수는 분모가 클수록, 분자는 분모보다 작은 수 중에서 클수록 크기 때문입니다.

남은 숫자 중에서 가장 작은 진분수는 $\frac{1}{4}$ 입니다. 왜냐하면 남은 숫자 중에서 분모는 클수록, 분자는 작을수록 분수의 크기가 작아지

기 때문입니다. 두 분수의 차를 계산하면 $\frac{5}{6}-\frac{1}{4}=\frac{10}{12}-\frac{3}{12}=\frac{7}{12}$ 입니다.

5. 다각형의 넓이

88쪽 **정리해 볼까요?** 2, 4, 4, 16

89쪽 **첫걸음 가볍게!**

1 똑같이 반으로 나눈 것, ★×2

2 ★+★×2, 12, 4, 8, 4

3 8, 8×4, 32

90쪽 **한 걸음 두 걸음!**

1 정사각형의 한 변의 길이를 똑같이 반으로 나눈 것, ★×2

2 ★+★×2, 5, 10, 5

3 10, 10×4=40, 40

91쪽 **도전! 서술형!**

1 ★×2, ★+★×2, ★=6(cm)이므로, 직사각형의 가로의 길이는 12cm, 세로의 길이는 6cm입니다.

2 직사각형의 가로의 길이가 12cm이므로 정사각형의 한 변의 길이는 12cm입니다. 따라서, 정사각형의 둘레의 길이는 12×4=48, 48cm입니다.

92쪽 **실전! 서술형!**

직사각형의 세로의 길이는 정사각형의 한 변의 길이를 똑같이 3등분한 것이므로 직사각형의 세로의 길이를 ★이라고 하면, 가로의 길이는 ★×3입니다. 직사각형의 둘레의 길이는 40cm이므로, ★+★×3=20(cm)이고, ★=5(cm)이므로, 직사각형의 가로의 길이는 15cm, 세로의 길이는 5cm입니다.

직사각형의 가로의 길이가 15cm이므로 정사각형의 한 변의 길이는 15cm입니다. 따라서, 정사각형의 둘레의 길이는 15×4=60, 60cm입니다.

93쪽 **개념 쏙쏙!**

3 9, 4, 18

정리해 볼까요? 6, 3, 9, 4, 9, 4, 18

94쪽 **첫걸음 가볍게!**

1 밑변의 길이의 합, 5, 3, 8

2 삼각형 (나)의 높이, 3(cm)×□÷2=9(㎠), 6, 6

3 8, 6, 24

95쪽 **한 걸음 두 걸음!**

1 삼각형 (가)와 삼각형 (나)의 밑변의 길이의 합, 4(cm)+2(cm), 6

2 삼각형 (나)의 높이, 2(cm)×□÷2, 5, 5

3 6(cm)×5(cm)÷2, 15

96쪽 **도전! 서술형!**

1 삼각형 (가)와 삼각형 (나)의 밑변의 길이의 합, 8(cm)+4(cm), 12,

8(cm)×□÷2, 5, 삼각형(가)의 높이, 5

2 큰 삼각형의 넓이는 12(cm)×5(cm)÷2=30, 30(㎠)입니다.

97쪽 **실전! 서술형!**

큰 삼각형의 밑변의 길이는 삼각형 (가)와 삼각형 (나)의 밑변의 길이의 합과 같으므로, 큰 삼각형의 밑면의 길이는 4(cm)+10(cm)=14(cm)입니다.

삼각형 (가)의 높이를 □cm라 하면, 4(cm)×□÷2=12(㎠)이므로 삼각형 (가)의 높이는 6cm입니다. 큰 삼각형의 높이는 삼각형(가)의 높이와 같으므로, 큰 삼각형의 높이는 6cm입니다.

따라서, 큰 삼각형의 넓이는 14(cm)×6(cm)÷2=42, 42(㎠)입니다.

98쪽 **개념 쏙쏙!**

1 6, 5, 2, 2, 26

2 4, 5, 2, 3, 26

정리해 볼까요? 모양, 개수

100쪽 **첫걸음 가볍게!**

1 전체 직사각형, 빈 직사각형, 12, 7, 4, 3, 72, 직사각형 ①, 직사각형 ②, 직사각형 ③, 12, 4, 2, 3, 6, 3, 72

101쪽 **한 걸음 두 걸음!**

1 (전체 직사각형의 넓이)−(빈 직사각형의 넓이), 8×10−2×4−2×4, 64.

2 (직사각형 ①의 넓이)+(직사각형 ②의 넓이)+(직사각형 ③의 넓이), 3×10+2×2+3×10, 64

102쪽 **도전! 서술형!**

1 다각형의 빈 부분을 채워 삼각형을 만들 수 있습니다.

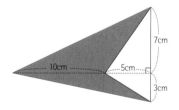

(다각형의 넓이)=(전체 삼각형의 넓이)−(빈 삼각형의 넓이)이므로, (10×15÷2)−(10×5÷2)=50(㎠)입니다.

2 다각형을 두 개의 삼각형으로 나눌 수 있습니다.

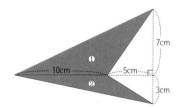

(다각형의 넓이)=(삼각형 ①의 넓이)+(삼각형 ②의 넓이) 이므로, (10×7÷2)+(10×3÷2)=50(㎠)입니다.

103쪽

<방법 1> (다각형의 넓이)=(전체 사다리꼴의 넓이)−(빈 직사각형의 넓이)입니다.

따라서, (다각형의 넓이)=(12+7)×6÷2−3×6=39, 39(㎠)입니다.

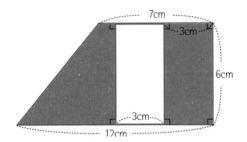

<방법 2> (다각형의 넓이)=(사다리꼴 ①의 넓이)+(직사각형 ②의 넓이)입니다.

(사다리꼴 ①)의 아랫변은 12−3−3=6(㎝), 윗변은 7−3−3=1(㎝)입니다.

따라서, (다각형의 넓이)=(6+1)×6÷2+3×6=39, 39(㎠)입니다.

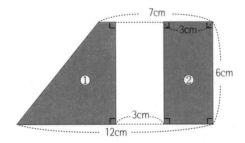

<방법 3> (다각형의 넓이)=(도형 ①과 도형 ②를 이어 붙인 사다리꼴의 넓이) 이므로 (다각형의 넓이)=(6+1)×6÷2+3×6=39, 39(㎠)입니다.

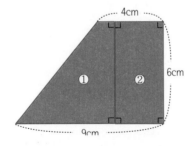

<예시>

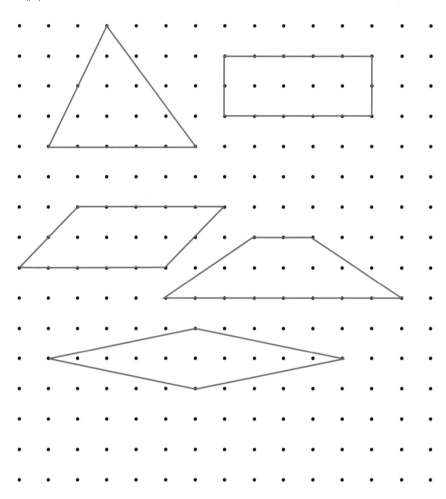

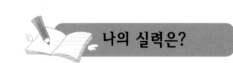 **나의 실력은?**

105쪽

1 직사각형의 세로의 길이는 정사각형의 한 변의 길이를 똑같이 2등분한 것이므로 직사각형의 세로의 길이를 ★이라고 하면, 가로의

길이는 ★×2입니다. 직사각형의 둘레의 길이는 42cm이므로, ★+★×2=21(cm)이고, ★=7(cm)이므로, 직사각형의 가로의 길이는 14cm,

세로의 길이는 7cm입니다.

직사각형의 가로의 길이가 14cm이므로 정사각형의 한 변의 길이는 14cm입니다. 따라서, 정사각형의 둘레의 길이는 14×4=56, 56cm입니다.

2 큰 삼각형의 밑변의 길이는 삼각형 (가)와 삼각형 (나)의 밑변의 길이의 합과 같으므로, 큰 삼각형의 밑면의 길이는

14(cm)+5(cm)=19(cm)입니다.

삼각형 (나)의 높이를 □cm라 하면, 5(cm)×□÷2=20(cm²)이므로 삼각형 (나)의 높이는 8cm입니다. 큰 삼각형의 높이는 삼각형(나)의 높이

와 같으므로, 큰 삼각형의 높이는 8cm입니다.

따라서, 큰 삼각형의 넓이는 19(cm)×8(cm)÷2=76, 76(㎠)입니다.

3 <방법 1> 다각형의 빈 부분을 채워 직사각형을 만들 수 있습니다.

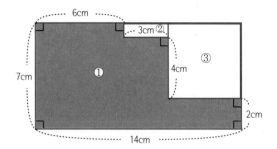

(다각형의 넓이)=(전체 직사각형의 넓이)−(직사각형 ①의 넓이)−(직사각형 ②의 넓이)이므로, 14×7−3×1−5×5=70(㎠)입니다.

<방법 2> 다각형을 세 개의 직사각형으로 나눌 수 있습니다.

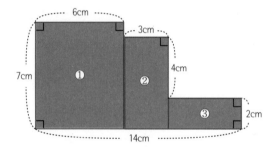

(다각형의 넓이)=(직사각형 ①의 넓이)+(직사각형 ②의 넓이)+(직사각형 ③의 넓이)이므로, (6×7)+(3×6)+(5×2)=70(㎠)입니다.

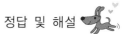

6. 분수의 곱셈

108쪽 **개념 쏙쏙 !**

3 $2\dfrac{1}{2}$

110쪽 **첫걸음 가볍게 !**

1

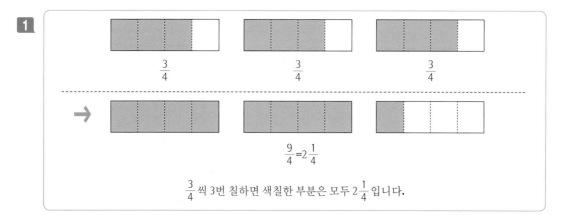

$\dfrac{3}{4}$ $\dfrac{3}{4}$ $\dfrac{3}{4}$

$\dfrac{9}{4}=2\dfrac{1}{4}$

$\dfrac{3}{4}$ 씩 3번 칠하면 색칠한 부분은 모두 $2\dfrac{1}{4}$ 입니다.

2 $9, 2\dfrac{1}{4}$ / 3, 더하면, $2\dfrac{1}{4}$

3 $9, 2\dfrac{1}{4}$ / 3, 3, 같으므로, $2\dfrac{1}{4}$ / $2\dfrac{1}{4}$

111쪽 **한 걸음 두 걸음!**

1

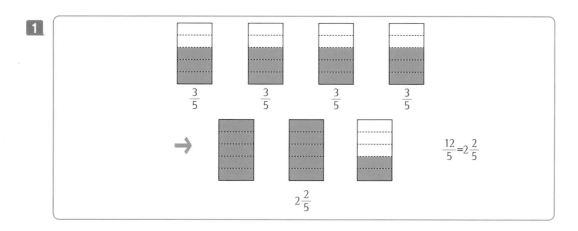

$\dfrac{3}{5}$ $\dfrac{3}{5}$ $\dfrac{3}{5}$ $\dfrac{3}{5}$

$\dfrac{12}{5}=2\dfrac{2}{5}$

$2\dfrac{2}{5}$

2 $\frac{3}{5}+\frac{3}{5}+\frac{3}{5}+\frac{3}{5}=\frac{12}{5}=2\frac{2}{5}$

$\frac{3}{5}$을 4번 더하면 $2\frac{2}{5}$입니다.

3 $\frac{3}{5}\times4=\frac{3\times4}{5}=\frac{12}{5}=2\frac{2}{5}$

$\frac{3}{5}$의 4배는 $\frac{3\times4}{5}$와 같으므로 $2\frac{2}{5}$입니다.

$2\frac{2}{5}$

112쪽 **도전! 서술형!**

1

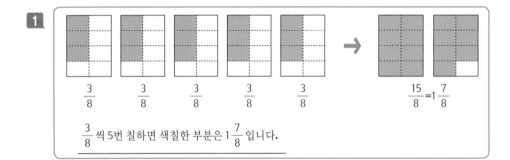

$\frac{3}{8}$씩 5번 칠하면 색칠한 부분은 $1\frac{7}{8}$입니다.

2 $\frac{3}{8}+\frac{3}{8}+\frac{3}{8}+\frac{3}{8}+\frac{3}{8}=\frac{15}{8}=1\frac{7}{8}$

$\frac{3}{8}$을 5번 더하면 $1\frac{7}{8}$입니다.

3 $\frac{3}{8}\times5=\frac{3\times5}{8}=\frac{15}{8}=1\frac{7}{8}$

$\frac{3}{8}$의 5배는 $\frac{3\times5}{8}$와 같으므로 $1\frac{7}{8}$입니다.

따라서 벽 5㎡를 칠하는데 페인트 $1\frac{7}{8}$L가 필요합니다.

113쪽 **실전! 서술형!**

(방법1) 그림으로 해결하기

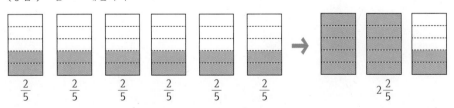

$\frac{2}{5}$씩 6번 칠하면 색칠한 부분은 $2\frac{2}{5}$입니다.

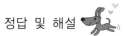

(방법2) 덧셈으로 해결하기

$$\frac{2}{5}+\frac{2}{5}+\frac{2}{5}+\frac{2}{5}+\frac{2}{5}+\frac{2}{5}=\frac{12}{5}=2\frac{2}{5}$$

$\frac{2}{5}$ 를 6번 더하면 $2\frac{2}{5}$ 입니다.

(방법3) 곱셈으로 해결하기

$$\frac{2}{5}\times6=\frac{2\times6}{5}=\frac{12}{5}=2\frac{2}{5}$$

$\frac{2}{5}$ 의 6배는 $\frac{2\times6}{5}$ 와 같으므로 $2\frac{2}{5}$ 입니다.

따라서 쿠키 6개를 만드는데 밀가루 $2\frac{2}{5}$ 컵이 필요합니다.

117쪽 **첫걸음 가볍게!**

2 $2, \frac{1}{3}$ / $2, \frac{1}{3}$ / $2, \frac{1}{3}$ / $2, 12, \frac{1}{3}, 2$ / $12, 2, 14$

3 (방법1) 자연수, 진분수, $2, \frac{1}{3}, 12, 2, 14$

　　(방법2) 가분수 $\frac{7}{3}, 2, 7, 14$

　　14

118쪽 **한 걸음 두 걸음!**

1 $20, 2, 20, \frac{3}{7}$ / $20, 2\ 20, \frac{3}{7}$ / $2\frac{3}{7}, 2$배, $\frac{3}{7}$ 배, 더한 것과 같습니다.

　　2배는 40, $\frac{3}{7}$ 배, $20\times\frac{3}{7}=\frac{60}{7}=8\frac{4}{7}$, 40과 $8\frac{4}{7}$, $48\frac{4}{7}$

2 (방법1) (자연수)+(진분수)로 고쳐서

$$20\times2\frac{3}{7}=(20\times2)+(20\times\frac{3}{7})$$

$$=40+\frac{60}{7}=40+8\frac{4}{7}=48\frac{4}{7}$$

　　(방법2) 가분수로 고쳐서

$$20\times2\frac{3}{7}=20\times\frac{17}{7}=\frac{20\times17}{7}=\frac{340}{7}=48\frac{4}{7}$$

　　$48\frac{4}{7}$

119쪽 119쪽 **도전! 서술형!**

1 45분 $\Rightarrow \dfrac{45}{60}$ 시간 $\Rightarrow \dfrac{3}{4}$ 시간 이므로 1시간 45분은 $1\dfrac{3}{4}$ 시간입니다.

2
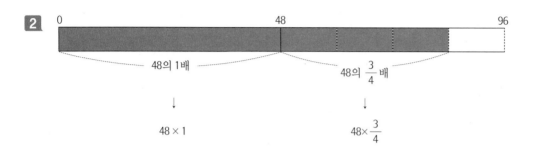

48의 $1\dfrac{3}{4}$ 배는 48의 1배와 48의 $\dfrac{3}{4}$ 배를 더한 것과 같습니다.

48의 1배는 48이고 48의 $\dfrac{3}{4}$ 배는 36입니다.

따라서 48과 36를 더한 84와 같습니다.

3 (방법1) 대분수를 (자연수)+(진분수)로 고쳐서 계산합니다.

$$48 \times 1\dfrac{3}{4} = (48 \times 1) + (\overset{12}{48} \times \dfrac{3}{\underset{1}{4}})$$
$$= 48 + (12 \times 3) = 48 + 36 = 84$$

(방법2) 대분수를 가분수로 고쳐서 계산합니다.

$$48 \times 1\dfrac{3}{4} = \overset{12}{48} \times \dfrac{7}{\underset{1}{4}} = 12 \times 7 = 84$$

선풍기를 1시간 45분 동안 작동시켰을 때 소비되는 전력은 84W(와트)입니다.

120쪽 120쪽 **실전! 서술형!**

(방법1) 2시간 50분을 시간으로 나타내면 50분 $\Rightarrow \dfrac{50}{60}$ 시간 $\Rightarrow \dfrac{5}{6}$ 시간이므로 2시간 50분은 $2\dfrac{5}{6}$ 시간입니다.

한 시간에 20mm씩 $2\dfrac{5}{6}$ 시간 동안 내렸으므로

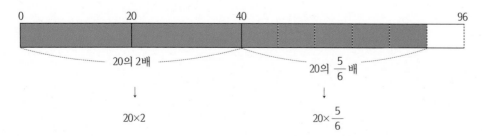

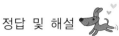

20의 $2\dfrac{5}{6}$배는 20의 2배와 20의 $\dfrac{5}{6}$배를 더한 것과 같습니다.

20의 2배는 40이고 20의 $\dfrac{5}{6}$배는 $20\times\dfrac{5}{6}=\dfrac{50}{3}=16\dfrac{2}{3}$입니다.

따라서 40과 $16\dfrac{2}{3}$를 더한 $56\dfrac{2}{3}$와 같습니다.

(방법2) 대분수를 (자연수)+(진분수)로 고쳐서 계산합니다.

$$20\times 2\dfrac{5}{6}=(20\times2)+(20\times\dfrac{5}{6})$$
$$=40+16\dfrac{2}{3}=56\dfrac{2}{3}$$

(방법3) 대분수를 가분수로 고쳐서 계산합니다.

$$20\times 2\dfrac{5}{6}=\overset{10}{\cancel{20}}\times\dfrac{17}{\underset{3}{\cancel{6}}}=\dfrac{170}{3}=56\dfrac{2}{3}$$

따라서, 어제 제주도에 내린 비는 $56\dfrac{2}{3}$ mm입니다.

123쪽 **첫걸음 가볍게 !**

1 진분수, $\dfrac{1}{4}$, 2, 작습니다.

2 대분수, $2\dfrac{1}{4}$, 2, 큽니다.

3 1, 작은 수, $\dfrac{1}{4}$ 작아집니다.

  1, 큰 수, $2\dfrac{1}{4}$, 커집니다.

124쪽 **한 걸음 두 걸음!**

1 $\dfrac{2}{5}$, $\dfrac{2}{5}\times\dfrac{1}{3}=\dfrac{2}{15}$, $\dfrac{2}{5}$에 진분수인 $\dfrac{1}{3}$, $\dfrac{2}{5}$, 작습니다.

2 $\dfrac{2}{5}$, $\dfrac{2}{5}\times1$, $\dfrac{2}{5}\times\dfrac{1}{3}$ / $\dfrac{2}{5}\times1\dfrac{1}{3}=\dfrac{8}{15}$

  $\dfrac{2}{5}$, 대분수, $1\dfrac{1}{3}$, $\dfrac{2}{5}$, 큽니다.

3 1, 작은 수, $\dfrac{1}{3}$, $\dfrac{2}{5}$보다 작아집니다.

  1, 큰 수, $1\dfrac{1}{3}$, $\dfrac{2}{5}$보다 커집니다.

125쪽

도전! 서술형!

1 $4 \times \dfrac{2}{3} = \dfrac{4 \times 2}{3} = \dfrac{8}{3} = 2\dfrac{2}{3}$

4에 진분수인 $\dfrac{2}{3}$ 을 곱하면 원래의 수인 4보다 작습니다.

2 $4 \times 5\dfrac{2}{3} = 4 \times \dfrac{17}{3} = \dfrac{4 \times 17}{3} = \dfrac{68}{3} = 22\dfrac{2}{3}$

4에 대분수인 $5\dfrac{2}{3}$ 을 곱하면 원래의 수인 4보다 큽니다.

3 세 수의 크기를 비교하면

$4 \times \dfrac{2}{3} \boxed{<} 4 \boxed{<} 4 \times 5\dfrac{2}{3}$ 입니다.

왜냐하면 $4 \times \dfrac{2}{3}$ 는 4에 1보다 작은 수인 $\dfrac{2}{3}$ 를 곱했기 때문에 4보다 작고, $4 \times 5\dfrac{2}{3}$ 는 4에 1보다 큰 수인 $5\dfrac{2}{3}$ 를 곱했기 때문에 4보다 큽니다.

126쪽

실전! 서술형!

$\dfrac{2}{5} \times \dfrac{3}{4} = \dfrac{2 \times 3}{5 \times 4} = \dfrac{6}{20} = \dfrac{3}{10}$

$\dfrac{2}{5}$ 에 진분수인 $\dfrac{3}{4}$ 을 곱하면 그 곱은 원래의 수인 $\dfrac{2}{5}$ 보다 작습니다.

$\dfrac{2}{5} \times 2\dfrac{3}{4} = \dfrac{2}{5} \times \dfrac{11}{4} = \dfrac{11}{10} = 1\dfrac{1}{10}$

$\dfrac{2}{5}$ 에 대분수인 $2\dfrac{3}{4}$ 을 곱하면 그 곱은 원래의 수인 $\dfrac{2}{5}$ 보다 큽니다.

세 수의 크기를 비교하면

$\dfrac{2}{5} \times \dfrac{3}{4} \boxed{<} \dfrac{2}{5} \boxed{<} \dfrac{2}{5} \times 2\dfrac{3}{4}$ 입니다.

왜냐하면 $\dfrac{2}{5} \times \dfrac{3}{4}$ 은 $\dfrac{2}{5}$ 에 1보다 작은 수인 $\dfrac{3}{4}$ 을 곱했기 때문에 $\dfrac{2}{5}$ 보다 작고, $\dfrac{2}{5} \times 2\dfrac{3}{4}$ 은 $\dfrac{2}{5}$ 에 1보다 큰 수인 $2\dfrac{3}{4}$ 을 곱했기 때문에

$\dfrac{2}{5}$ 보다 큽니다.

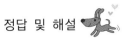

127쪽 **Jumping Up! 창의성!**

1 (3)

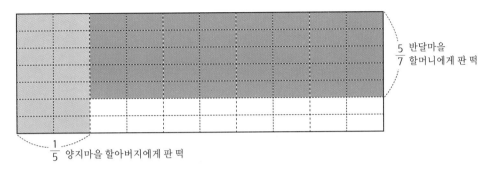

$\frac{5}{7}$ 반달마을 할머니에게 판 떡

$\frac{1}{5}$ 양지마을 할아버지에게 판 떡

(4) 16, 16

2 $\frac{1}{5}$, $\frac{5}{7}$, 56−40=16

128쪽 **나의 실력은?**

1

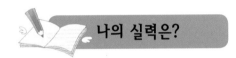

$\frac{2}{3}$ $\frac{2}{3}$ $\frac{2}{3}$ $\frac{2}{3}$ $\frac{2}{3}$ $3\frac{1}{3}$

물 한 컵의 $\frac{2}{3}$를 5번 마셨으므로 $\frac{2}{3}$씩 5번 칠하면 색칠한 부분은 $3\frac{1}{3}$입니다. 따라서, 지훈이가 오늘 마신 물의 양은 $3\frac{1}{3}$입니다.

2 (방법 1) 1시간 15분을 시간으로 나타내면 15분은 $\frac{\overset{1}{\cancel{15}}}{\underset{4}{\cancel{60}}}$ 시간이므로 1시간 15분은 $1\frac{1}{4}$ 시간입니다.

한 시간에 4km씩 $1\frac{1}{4}$ 시간 동안 갔으므로

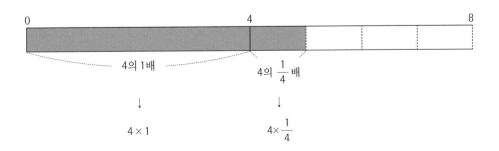

4의 1배   4의 $\frac{1}{4}$ 배

4×1 $4 \times \frac{1}{4}$

4의 $1\frac{1}{4}$ 배는 4의 1배와 4의 $\frac{1}{4}$ 배를 더한 것과 같습니다.

4의 1배는 4이고 4의 $\frac{1}{4}$ 배는 $4\times\frac{1}{4}=1$입니다.

따라서 4와 1을 더한 5와 같습니다.

(방법2) 가분수를 (자연수)+(진분수)로 고쳐서 계산합니다.

$4\times1\frac{1}{4}=(4\times1)+(4\times\frac{1}{4})=4+1=5$

(방법3) 대분수를 가분수로 고쳐서 계산합니다.

$4\times1\frac{1}{4}=4\times\frac{5}{4}=5$

혜린이는 같은 빠르기로 1시간 15분 동안 5km를 갈 수 있습니다.

3 $2\times\frac{3}{4}=\frac{2\times3}{4}=\frac{\overset{3}{\cancel{6}}}{\underset{2}{\cancel{4}}}=1\frac{1}{2}$

2에 진분수인 $\frac{3}{4}$ 을 곱하면 그 곱은 원래의 수인 2보다 작습니다.

$2\times1\frac{3}{4}=2\times\frac{7}{4}=\frac{2\times7}{4}=\frac{\overset{7}{\cancel{14}}}{\underset{2}{\cancel{4}}}=3\frac{1}{2}$

2에 대분수인 $1\frac{3}{4}$ 을 곱하면 그 곱은 원래의 수인 2보다 큽니다.

세 수의 크기를 비교하면

$2\times\frac{3}{4}$ $\bigcirc\!\!<$ 2 $\bigcirc\!\!<$ $2\times1\frac{3}{4}$ 입니다.

왜냐하면 $2\times\frac{3}{4}$ 은 2에 1보다 작은 수인 $\frac{3}{4}$ 을 곱했기 때문에 2보다 작고, $2\times1\frac{3}{4}$ 은 2에 1보다 큰 수인 $1\frac{3}{4}$ 을 곱했기 때문에 2보다 큽니다.

저자약력

김진호

미국 컬럼비아대학교 사범대학 수학교육과
교육학박사
2007 개정 교육과정 초등수학과 집필
2009 개정 교육과정 초등수학과 집필
한국수학교육학회 학술이사
대구교육대학교 수학교육과 교수
Mathematics education in Korea Vol. 1
Mathematics education in Korea Vol. 2
구두스토리텔링과 수학교수법
수학교사 지식
영재성계발 종합사고력 영재수학 수준1, 수준2, 수준3,
수준4, 수준5, 수준6

김민정

대구교육대학교 초등수학교육학과 졸업
대구교육대학교 교육대학원 초등수학교육학과 석사
현재 대구한샘초등학교 교사
대구 초등수학과 수업연구교사
수학과 수업 컨설턴트 및 협력학습지원단
수학과 협력학습 관련 강의 다수

이혜영

대구교육대학교 초등수학교육학과 졸업
대구교육대학교 교육대학원 초등수학교육학과 석사
현재 대구교육대학교대구부설초등학교 근무

완전타파
과정 중심 서술형 문제 5학년 1학기

2017년 2월 5일 1판 1쇄 인쇄
2017년 2월 10일 1판 1쇄 발행

공저자 : 김진호 · 김민정 · 이혜영
발행인 : 한 정 주
발행처 : 교육과학사

저자와의
협의하에
인지생략

경기도 파주시 광인사길 71
전화(031)955-6956~8/팩스(031)955-6037
Home-page : www.kyoyookbook.co.kr
E-mail : kyoyook@chol.com
등록: 1970년 5월 18일 제2-73호

낙장 · 파본은 교환해 드립니다.
Printed in Korea.

정가 **14,000**원
ISBN 978-89-254-1124-8
ISBN 978-89-254-1119-4(세트)